大地母亲时代的来临

央金拉姆 著

天津出版传媒集团

天津人民出版社

果麦文化 出品

目　录

认清自心和生命的真相
陈履安

1999年秋，我在澳门第一次见到央金拉姆，印象极为深刻。她有清净超逸的修行人气质、藏族人美丽的歌喉，竟然又是一家大企业的CEO，是藏族罕见的人才。之后连续几年，每年年底12月31日近黄昏时，我都会接到她从西藏拉萨大昭寺打来的问候电话，听得见背景里大昭寺僧侣们的诵经声，印象很深刻。

大部分藏族人，把开启自己的内在世界，当成是生命中最重要的事，也是藏族文化和生活的一部分，保存了很多觉醒自性的有效方法。近年来，欧美很多学府已将开发自性等古老东方学问纳入心智科学领域，开展了大量的研究，有很多突破性的成果，相信这些知识很快就会进入主流教育体系。如果我们从小就能认知自心和生命的真相，则人类幸甚！

我深信，对心性的认知和觉受更为普及的时候，人们会改变自己的态度、习惯、行为、性格、价值观和生活方式。当人们了解了什么是生命、宇宙的真相，学习到如何让自己身心和谐，才可能进而促成家庭、社会、国家、种族之间真正的和谐。

央金十多年来认真修行，本书可说是她的心得和心愿报告。书中她与大家分享了自己修行的经验和方法，特别是介绍了如何在居家日常生活中修行、如何在生活中练习保持觉性、把修行和生活融为一体等方法，都是相当难得的禅法。

2011年，她还整合出一套歌舞觉醒法，用心灵音乐、自性唱诵、自性舞蹈、禅睡、静坐等方法，让普通大众自在走上觉醒之旅。

她应邀在中国大陆、中国台湾、美国教学多次，以音乐舞蹈带领学员经历开发自性的旅程。每节课在短短两个小时中，参加的人几乎都有觉受，有些人进入特别的境界，也有很多人流泪，效果非常好。

央金说："流泪是心中累积的抑郁，心一放松，就释放出来了……有觉受很好，没有觉受也很好，重要的是不要执着觉受。觉受到灵界、佛菩萨、神、宇宙，甚至是一如的境界，也都不要执着。我不是你们的老师，只是你们的心灵姐妹、心灵朋友。"

央金问我，她教学的方法算是佛法的什么法门？我告诉她是属于观音菩萨的耳根圆通法门。

过去五六年来，央金多次把禅修中的觉受告诉我，在讯佳普（Skype）上累积了上百篇修行记录，以下我选了几次的摘要，让大家对她的修行有更多认识：

2008年

我进入了一个寂静无边的空间里，感觉一切是整体、不可分的，知道人人不分彼此，都是息息相关的。这种感觉让我更尊重生命和大自然，想真心关怀、帮助别人。

2010年

我体验到自心中有各种超自然的能量。每个人都有这些潜在的能力，我不会再被神通、鬼神、灵异现象迷惑。

2011年

最近对自己的贪念、欲念、正面负面的情绪、各种烦恼，能一升起就看见。虽然还是有点烦，但是很快就会自然平静下来，不需要费力去阻断。

2012年

最近常在自然一如的状态中，才知道"活在当下"的感觉。所有的外境，都是自心的投射，都是我的一部分。不论是树、房子、人物、家具……都是我心的化现而已。知道了，就没有我对你错的概念了，过去身心的伤痕都化掉了……在那个状态说出来的"当下的语言"才能帮助别人，而不会有"我在帮助人"的感觉。

2013年

自己做了母亲，才真正感觉到母亲的心。从去年怀孕，6月孩子出生到现在，每天照顾孩子，我体会到天下母亲的心，更知道怎样分享我的经验。

央金是一位清净纯真的修行人。谦恭、平和、稳定。最珍贵的是，她的一些特殊能力只在别人有需要的时候才自然地流露。这是一个禅修者最重要的戒律。

老公的用处

陈宇廷

曾在书上看到，有些古代高僧大德心境已达如如不动、了了分明，几乎随时随地都在平静喜乐中，这时，他们为了增强心灵的稳定性，会故意养一只超级顽皮的猴子或收一位特别麻烦的弟子，创造逆境来考验自己。

我时常怀疑，说不定这才是央金嫁给我的真正原因。因为我带给她的烦恼，肯定胜过一群猴子和弟子。

其实刚结婚时，央金还在忙她的事业，是位飞来飞去、天天开会、常板着脸、很严肃的女老板。而当时我已经学佛修行十五年，其中有三年还出家。因此，我们刚在一起时，我有点像她的上师，教她佛法、督促她修行。她那时什么心灵方面的书都没看过，我还笑她身为藏族人，怎么什么都不知道。现在想想，当时的我实在很蠢、很可笑，因为她的心灵修行很快就远远超过我了。

结婚十年来，她把精力都花在修行上。也因此，她几乎每两三个月就脱胎换骨一次，性格、想法、见解都有巨大的变化。有几次甚至像是变成了另一个人。

婚后没多久，她放下了事业，到台湾与我和父母同住，开始参加各种禅修和法会。每次她回来告诉我她的觉受和境界，我都很惊讶。一方面我们找书引经据典地告诉她，她的这些境界是什么；另一方面我总是想到，我修了十五年，都没这么多境界，她怎么这么快？

慢慢地，我开始觉得她生为藏族人实在太幸福，心灵修行根本在她的血液中，生下来就具备很多修行的基本条件。

由于她每几个月就变一个人，我时常觉得，别人是追女朋友，而我总是在追太太。她心灵成长太快，我只好拼命追，同时总是想办法制造些爱情和浪漫，要不然太太变成了自己的菩萨上师，婚姻未免会怪怪的。

最震撼的变化

最令我震撼的，是在2008年，她到美国科罗拉多的圣山中去闭关了几个月。

第一次，她一个人带了帐篷，住进了一个有鹿、有狼、有熊的森林里。三个月后，我去接她出来，陪她到纽约参加一场音乐会演出。她那时眼睛亮亮的、身材健美、一身古铜色皮肤。三个月没见了，看到她这么美，感觉很亲近，自然产生了夫妻的爱意。

但是她刚闭完关，对爱情没什么感觉了。我当时很失落。她说她记了很多闭关笔记，但是不能给我看。当然，我想了些办法，偷偷看了。

一看之下，差点疯掉，她怎么可能已经有这样的成就？怎么办，太太变成了菩萨，那我怎么办？一下子，我被各种负面情绪掌控了，气得不得了，她怎么能为了自己修行的成就，就不理我了？我一气之下，就把她的笔记给撕了（不过很快又捡回来粘好了）。她当然也很难过，马上要去纽约演出了，先生却不支持她。

最近一次大变化

她最近一次的变化，倒是和以前很不一样。

突然间，她变得极为平和和智慧。以前会烦的事，现在都不受影响，对人、事物的判断和了解，都变得很精准，而且总带着慈悲的爱心。

她变得很温暖、安静，也仍然浪漫。外面的一切顺逆境，好像都不太影响她的心境。早上我睡醒，常看到她像个十几岁的小女孩，青春、单纯、清净。

以前她对我总是望夫成龙，总有许多要我变好、变得更好的要求。现在她不要求了，而是在平和中，一起向前。

这十年中，她自己修行受了很多苦，也被骗了好几次。她会伤心，但从来没有恨意。不像我，有时很想把那些假上师干掉或揭发出来，也会恨自己没能力好好保护她。但近来，央金更不一样了，她明白了为什么以前要经历那些苦。一切经历都是美丽的，她不但找到了答案，也疗愈了自己的伤。

我近来仍然在拼事业，有时也会焦虑和不安，但和她在一起，总会让我平静，也使我更体会到男女能量的差异，感受到社会上男人的苦。现代社会节奏愈来愈快，如果家中没有一股稳定而正面的女性能量，男人因为恐惧会变得更有侵略性，更加焦虑和不安，社会就会落入更动荡不安的恶性循环当中。

家庭主妇的心情

我在参与央金这本书的过程中，也有很多修行体会和突破。这本书大部分是她在美国家中佛堂闭关的十天之中写出来的。那十天里，我扮演太太的角色，帮她做饭、洗衣、打扫，让她能完全安心写书。她每天在佛堂中，我帮她送饭，深切体会到一位家庭主妇的感觉。我要得不多，看到她吃我做的菜时开心的表情，或说句真好吃，我就心满意足了。

那十天之中，她几乎没离开过佛堂，我送饭时，她偶尔会给我看她写的内容。每次看我都很惊讶，不像是她能写出来的。她以前不怎么会写文章，书中的诗、文和觉醒方法，都是她进入禅修状态中写的。

由于内容是她在不同的能量状态中写的，有时语气像知心的好友，有时像姐姐、妈妈，有时甚至像个谆谆叮咛的老祖母。

男女能量的搭配

这本书最早在台湾出版，那时，由于央金来不了台湾，便请我和出版社编辑商量出书的事。出版社编辑很喜欢书中的内容，但对禅修不熟悉的人很难入手编辑，几次谈下来，我竟成了编辑！

我自然拿出了我麦肯锡、哈佛工商管理硕士的本事，想帮书重新分类、另立章节。其中让我学习最多的是对觉醒六个阶段的讨论。我起初想改成三个阶段，一来好记，二来我觉得逻辑性更强。但央金不希望修改，反而不厌其烦、一再重复解释为什么是六个阶段。我问来问去，她始终不愿改。我也有点灰心，觉得自己没什么用，帮不上忙。

直到最后一次讨论时，我突然懂了，为什么是六个次第。

原因不是逻辑，是能量的流动。这整本书是一个心灵修行的次第，是一个能带着读者体验的过程；同时又根据她自己的亲身经验，在禅修状态中自然流露出来。她很开心老公终于开窍了，她说书是需要男人的逻辑来整理的，只是不希望这个能量被打断。之后，我和她商量，做了些微调和分类，进展得十分顺利。

适合男女一起来读

这本书其实不只是给女人看的，男人看了也会很有收获。尤其我近来体会到，男人不能只是拼事业、赚钱养家，也要进入伴侣的生活，进入她的生命。我和央金还没有恋爱，就结了婚。之后经验了男女思考模式、面对情绪、身体需求各方面的不同。作为她的先生，我和她之间的关系也从大男人、上师，慢慢变成了她的儿子、下属、仆人，又重新升级成伙伴、道友、情侣。两人自然相合，我的心也自然承载着她的心愿，她的心也支持着我的心愿。

我以前也有过不少女友，但进入这个婚姻后，我才发现，我其实完全不了解女人。

央金是个清净、淳朴、可爱的女孩，也是个多梦、大胆、不受传统局限的女人，也可说是个为了女性在寻找人生答案的勇士。她从小到大，经验了各种女人的苦，在书中都可以看到。我想很多男人看了，会更了解女人，也更能够体会到自己在另一半的生命中能扮演什么角色。

我虽然出过家，创立过佛教学院，事业也有些小小成就，但我发现男人在了解女人方面，有相当多的智障，在心灵提升方面，更不如女人的坚韧和智慧。

央金没读多少书，但她很勇敢去做、去经验，而且从来没有放弃。苦也去经验、乐也去经验，才有今天的平和、喜乐。也让我看到，修行不能光靠聪明、更不能有幻想。不会有什么神佛突然出来保佑，一定要靠自己一步一脚印，稳稳地在日常生活中前进。

经过了二十五年的修行，我才发现，其实心灵修行也不是什么难事、大事、了不起的事，更不是什么神秘的事。只要在吃饭睡觉、坐车开车、上班开会、与人相处、夫妻爱情、孩子教育等日常生活场景中带着觉性，用一些很简单的方法，就能从每一个小烦恼中解脱。

能离开每天的小烦恼，自然慢慢就能面对好友出卖、夫妻离异、事业成败、生离死别等较大的烦恼。甚至有一天，你会发现，烦恼不再是烦恼，都是你自心的游戏。

央金就是这么走过来的，以后也会继续这么走下去，我也总会陪着她。

前言

找到女性觉醒的钥匙

在探索生命的旅程中，我总觉得需要有一套适合现代女性的修行方法，能帮助女人用自己的家作为修行的道场，突破烦恼恐惧，找回女人本有的温柔、平静、慈悲、智慧，蜕变成圆满欢喜的人，甚至能够证悟自性。

为了我自己的觉醒，也为了心灵姐妹们的觉醒，我用生命亲自经验和实践各种修行法门，逐渐提炼出"央金六法"这一套生活化的藏传佛教"心法"。

现代人需要的觉醒方法，是一套能融入现代人忙碌的日常生活的修行方法。

举例来说，西藏传统法教中有一套方法，叫"金刚萨埵消除业障"。需要在静坐中，一面观想，一面念诵心咒，观想甘露自头顶清净自己身心的业障。最基本要修持十万遍。但这对现代人来讲是极困难的，一方面没有时间，另一方面忙乱了一天，要么根本专心不下来，要么累得睡着了。很多人修了很多年，挫折感愈来愈重，甚至放弃了修行。

其实，有很简单智慧的一些方法。比如我们每天需要修的消除业力、清净自身的金刚萨埵法，也可以用在动中修。古代的藏人没有水天天洗澡，但时间很多，所以用专门静坐来观想修持。现代人很忙，但你每天都会洗澡淋浴，不如洗澡时，就观想水龙头中的水就是纯净的甘露，自头顶冲洗你全身的里里外外，把内外的所有脏东西都排出去，这样洗了澡又修了法，也可以边持咒边观想，不是很好吗？这样修比你每天赶工修法有效多了，只是换了形式而不换心。我们既然没有时间专门坐下来观想修持，不如就把修法应有的状态融入我们的日常生活中。

这样做，保证和你用散乱心洗澡的效果不同，会有一种全身清凉的感觉。因为这样洗澡和修金刚萨埵的效果是一样的。如此一来，金刚萨埵法的三个要点在洗澡时都具备了。第一是训练了你的心专注在当下，减少杂念；第二是让你生起纯净的善念的力量；第三是在善念力的帮助之下，你自然就接通了清净的宇宙能量（金刚萨埵）对你的加持。你就自然和自己清净圆满的自性联结在一起了。

古代用静坐、观想、持咒达到的境界，现代人可以在日常生活和行为中用"心在当下"的方法，练习"随时保持觉性"，与自性联结。练习久了，你和自性的联结就会愈来愈持久、愈来愈自然。

本书是带领女性觉醒的心灵地图，从"发现自性"开始，学习在家中如何"提升自心"。接着利用烦恼和情绪来"认清自心"，之后逐渐熟练"回归自性"，在现实生活中"实现愿心"，并且"任运自心"，达到一如。这是一本女性觉醒自助手册，能帮助姐妹们安全地找到回家的路。

第一章
大地母亲时代的来临

你必须觉醒，你醒来了，世界也就醒了。

你是大地母亲的一部分。

醒来了的女性，

是一个美丽长存的女人，

是一个快乐的女人，

是一个离苦得乐的女性。

醒来了的女性，

是一个充满智慧和慈悲的女人，

是一个最圆满丰盛的女人。

来自大地母亲的讯息

2007年，我在北京朋友家中遇见一位心灵朋友，带给我很多讯息。她说我应该先去西方闭关三个月，因为我是东西方的桥梁。我们藏人不太喜欢听这些关于自己未来的预言，所以我没有去。

隔年，我又遇到这位朋友，她知道我没去，急切地说我必须快点去，不然会耽误很多大事。为了取信于我，她还说了很多我过去的事，相当准确。即便如此，我还是没有决定要去。

但是第二天，有位很特殊的人来到我家做客。这位女士名叫汉娜，是我先生的长辈朋友。我们聊得很开心，那时家里正播放着我的唱片。

当她听到《大地的呼吸》这首歌，突然停下来对我说："这些歌是谁教你唱的？"

我说："没人教我，是有天我在台湾山上录音，感觉到大地的呼吸，就自然唱出来了。"

她说这是大地母亲的声音，当地球遇到毁灭性的灾难，这声音会照顾和疗愈人类。

她接着说："你的歌不能在随便的地方唱，你要到懂得你音乐的地方唱。这样吧，我来做你的经纪人，你来美国，我来照顾和保护你。你先到我的禅修中心来闭关吧。"

后来我先生才告诉我，汉娜是联合国前副秘书长摩利斯（Maurice Strong）的夫人，是一位慈善家和心灵修行证悟的大师。她在美国科罗拉多州的克里斯顿（Crestone）镇，捐出了她先生在此地买的几十万亩土地，帮助建设了三十多座禅修中心和寺院，包括了禅宗、藏传佛教、印度教、基督教、苏菲等宗教，非常独特。连十六世大宝法王都说："除了西藏，这里是世界上能量最好的地方。"

就这样，我感觉一切都是上天的安排，就去美国闭关了。

在美国首度闭关的三个月中，我才对大地母亲有了基本的认识。

那里的人都认为地球（也就是大地母亲）是一个带着母爱能量的神圣生命体，和我们人类是密不可分的。当我们和她的心相应的时候，她会以神圣母亲的形象出现。

当时，我每天都在大自然中舞蹈，大地母亲每天都来教导我，我在舞蹈里一次次地重生。通过身体，我经验了宇宙、能量和光，原来身体就是被固化了的能量！

每次舞蹈之后，我会趴到草地上，禁不住连连亲吻大地。我会闻到青草和泥地的味道，聆听到大地心脏的跳动。其实大地母亲的丹田和人类的丹田是一个。

那段时间，我整天处在喜悦、轻盈而明亮的状态中，能量非常充足，因而对大自然的一草一木升起了敬意。大自然是最自然的法，她教导我重新经验花开般的新鲜生命。

从那时候起，我感受到大地母亲的爱、她的悲伤，使我对地球升起一种强大的悲心和责任感。

　　大地母亲时代就是地球要再生的时代，就是人类要共同觉醒的时代，这个时代从2012年底开始。特别是众多的女性得先觉醒，回归和联结大地母亲的能量；觉醒的女性愈多，这个能量就联结得愈大，人类整体的进化就会加速，地球自然会再生变好，地球上的人类才会活得和谐喜乐。

圆满丰盛的女性

　　男性的能量比较左脑，

　　是一种多动、逻辑、竞争、达成目标、理性的阳性能量。

　　女性的能量比较右脑，

　　是一种安静、感性、温暖、互助、给予、慈悲、感性的阴性能量。

　　这几千年来一直是由男性能量主导世界，

　　虽然带来了近两百年来的物质文明和科技进步，

　　但也造成了无数的战争、冲突、破坏大自然等等的灾难。

　　也使得世界发展成了一个充满竞争、分离、不安的世界，

　　也使得全世界大部分的男人和女人都越来越不快乐，

　　也使得家庭不安，分离感、孤独感越来越强。

　　大地母亲需要重生，

　　人类的集体意识都会整体地提升和觉醒。

　　众多的女性将会醒来，她们为这个时代做了很多准备。

　　为什么呢？

　　女性觉醒就是回归到自己本然的原始能量里面，

和大地母亲的能量连为一体。

觉醒的感觉就如一滴水归入海洋一般，

刹那间，无边的海洋与自己融为一体，

女性回到海洋般的自心，

男性自然就有家可归了，

就不会再在外面闯祸了。

男女的能量平衡，会使家庭平衡；

家庭的平衡，会使国家平衡。

国家平衡了，世界就会慢慢和谐平稳。

所以，女性的觉醒是为了人类的觉醒，

也是为了你的家庭、你的男人、你的孩子，更是为了你自己。

你必须觉醒，你醒来了世界也就醒了。

你是大地母亲的一部分。

醒来了的女性，

是一个美丽长存的女人，

是一个快乐的女人，

是一个离苦得乐的女性。

醒来了的女性，

是一个充满智慧和慈悲的女人，

是一个最圆满丰盛的女人！

人类觉醒是女性伟大的使命

生命是从宇宙的原始母性能量之海分离出来的。女性的原始能量是安静的、不动的；是一个温暖、照顾、养育、接纳、给予的空间。男性也是从女性里面分出来的能量，所以男性从母体里分离之后充满了恐惧。男性能量是要动的，是一种创造力达成目标的能量。再强大的女人，也渴望有个男人的肩膀依靠；再狂野的男人，也渴望有个温柔的女人爱。当今这个时代出现这么多的问题，是因为男性、女性能量混乱的缘故，是男性和女性站错了位子，也叫阳盛阴衰。

女人像男人了，男人像野兽了，为什么？因为女人跑到男人的世界里打拼，逼得女性上了战场做战士，挑起了女性的阳刚之气，压抑了女性的阴柔之气，因为女性压抑而受伤了。

一个受伤的女人充满了愤怒，就像是受伤而愤怒的母狮子，整座山里的动物都会恐惧。如果一个家里的母亲发怒，全家的孩子都会躲起来，家里一定会失去安宁。男人打仗回来不但没有好女人，还要面对一个像男人一样的女人，男人就更不想回家。男人不回家，对世界就更加造成威胁。两者之间的能量失去平衡，便形成了恶性循环。

男人没有真正的女人，女人也没有真正的男人。多少家庭因为失衡而分离，多少男女因为失衡而受伤，多少孩子因为父母的分离而耽搁。我们的孩子需要好母亲，我们的男人需要好太太，我们的世界需要好女人。有好女人，就会有好世界。

人类觉醒是女性的使命，男女平衡是女性的功课，女性只有自己疗愈了自己，才能疗愈男人的恐惧，在女性智慧的大爱里，男人就会稳定和满足。男性和女性的能量平衡，就是人类走向平衡的道路，就是世界走向平衡的道路。女性提升了，人类自然会提升；男女平衡了，世界自然会和谐。

❀ 女人本来就是花

女人本来就是花，
只要你绽放就好。
女人本来就是水，
只要你顺道就好。
女人天生就是光，
只要你照耀就好。
女人天生就是狮子，
只要你温暖就好。
女人天生就是妹妹，
只要你娇柔就好。
女人天生就是姐姐，
只要你懂事就好。
女人天生就是母亲，
只要你给予就好。

央金六法

"央金六法"是我根据大师们的教导和亲身修行的经验，总结出来的六个方法，分别是"发现自性""提升自心""认清自心""回归自性""实现愿心""任运自心"。这六个方法能帮助现代人——特别是现代女性——在日常生活中觉醒。

另外，我在多次长期闭关的时候，在特殊的因缘下得到了"央金歌舞法"，这套方法是通过"聆听""唱诵"和"自性舞蹈"三种方法来达到觉醒。

在藏传佛教里，女性代表智慧，男性代表方便。"央金"代表智慧和艺术的女神，是文殊菩萨（智慧能量的代表）的空行母（指证悟空性的女性），所以我以"央金"来命名这些修行方法。

在我们会思想的头脑后面，有一颗明觉的心，总是默默地看着你，我们将它称为"自性"。自性开始无生、中间不老、未来无死。你很难形容自性，但是感觉得到它的存在。

"觉"是通往觉醒、修炼自心、证悟自性的钥匙。"发现自性"就是体验到觉性，也就是体验到头脑背后的观察者，也称为"升起了觉性"，相当于禅宗常说的"悟"。

然而，人常在刹那间体会到自性，但在生活中却不能保持，所以要悟后起修，也就是"提升自心"，通过日常生活中的点点滴滴中修炼自己的心。

之后，当你开始觉察和面对自己的我执，慢慢熟悉运用自己的烦恼和情绪来修心，你就开始"认清自心"了。

在觉醒的旅程中，你时常会需要"回归自性"，也就是和所修的法和自性相应。刚开始可能是偶然相应，相应的时间也很短，境界也很浅，像是感受到内在的声音、看到一些善的境界等。这些都很好，但不能执着，一执着，就会卡住，无法进步，甚至产生障碍。慢慢地，境界会愈来愈多，愈来愈深，大多时候都在一种清净的喜乐中。

这时候，反而需要放下已得到的轻安、喜乐、清净、空灵等境界，继续回到生活中"实现愿心"，在生活中实现自己的菩萨心愿。

最后阶段"任运自心"已经在做与不做都一样的境界里，一如的状态已变成了你日常中很自然的行为。境界自然来去，成为一个很平常、普通，但是又很欢喜、平静的人。

央金六法
现代女性生活中觉醒的六个方法

❸ 认清自心——运用烦恼
觉察烦恼→不怕烦恼→运用烦恼

渐渐看清楚烦恼和我执，不过是自心化现的能量游戏，烦恼来时能觉察到，任由它自灭，甚至能运用烦恼的能量。

❷ 提升自心——居家四课
安住→静坐→清理→随感觉

在居家生活中练习专注和保持觉性，逐渐从偶尔能保持觉性变成经常保持觉性。

❶ 发现自性
开始升起觉性

发现有另一个不动的自己在观察着自己。

❻ 任运自心
任心自在→常住一如

保持心的清明，任心自在运作，直到日常行
为自然总是在一如的状态中。

❺ 实现愿心 —— 自觉觉他
一般心愿→菩萨愿心

自心中浮现今生真实的愿心，菩提心升起，
放下已得到的清净、轻安、通灵、神通、觉
受、悟境等，开始行菩萨行。

❹ 回归自性 —— 与自性相应
偶尔瞥见自性→经常深入自性

相应的觉受加深、频率升高。从瞥见内心世
界开始，逐渐觉受到自性的加持、教授、传
法等境界。之后悟到内外一如、一切唯心造，
在静中动中都能时常相应。

第二章
央金六法之一
发现自性：与内在的觉醒大师相遇

自性不在昨天，
自性不在明天。
自性不在过去，
自性不在未来。
自性就在当下，
自性就在平常。

发现自性：体验到头脑背后的观察者

自性就是本然清静的自心。只有在全然觉知的状态中，你才会与自性相遇。"发现自性"就是开始体验到自性、体验到头脑背后的观察者。

某一天，当我们的身体消失了，这个觉知的状态还会存在，它是永恒不死的。比如我们都有做梦的经验。身体睡着了，但我们还是会做梦，因为我们这颗觉知的心是不会睡觉的。

我们轮回得太久了，换过一生又一生，只有自性一直陪着我们，它是我们最终的家。可是我们生下来之后，不但忘了回家，还愈走愈远，把一生的时间都浪费在没有意义的事情上。如果我们不觉醒，会发现我们每一生都在同样的错误中打转。

❀ 自性

自性是不垢不净的，
自性是不增不减的，
自性是不生不灭的，
自性是无去无来的，
自性是无法言传的，
自性是无法笔写的，

自性是无法描绘的，

自性是无法表达的，

自性只能去经验它，

自性只能去觉受它，

自性只能去熟悉它，

自性只能去运用它。

儿时对自性模糊的认识

刚开始，我们对自性和自心都会有个模糊、说不清楚的感觉。

像是我从小的个性和其他姐妹都不同，总是喜欢问一些不是那个年龄段该思考的事情。我阿妈常说："你一个小孩怎么长颗大人的心？"我那时想过，小孩的心是什么？大人的心是什么？当然也想不清楚。

我也不知道其他小孩是怎么想的，现在想起来，我的确从小想的事和其他孩子不同，总是问阿妈一大堆问题。后来在学校、甚至大学里面，也总是问很多问题，连老师也没有答案，像是我们人是哪里来的，地球是怎么来的……

现在我对自己的人生有答案了。这些答案都是通过真实的修行得到的。

自性就是真正的家

三四岁的时候，阿妈背着我到地里劳动，我就嘀嘀咕咕地告诉阿妈："我要出家。"阿妈听到我要出家，因为是藏族母亲，并不觉得奇怪，就问我："你要到哪里出家？"我说："到北京。"阿妈听我说北京的时候，觉得奇怪，因为我家在藏地非常偏僻的山里，阿妈连山村都没离开过，哪里知道北京在哪里？她只是听奶奶们讲过，太奶奶们专门到过北京，还见过慈禧太后呢！

我长大后，在西藏创业，后来把公司总部搬到了北京，把阿爸阿妈也接到北京来和我住。这时阿妈才告诉我，我小时候讲过的这些话。我当时听了也很奇怪，我没有出成家，倒成了个企业家，之后又成了家，为什么我从小就想出家呢？

其实，我觉得我一生都在找一个家，但那个家不是我现实生活中的家，所以我甘肃、西藏、青海、北京、台北、洛杉矶都住遍了，也没找到我心中想要的家。

一直到我走上觉醒之路，我才知道，其实我在找的家就是自性，在外面是找不到的。

2003年是我修行真正开始的一年。那一年，由于种种原因，我停止了所有事业和外面的活动，在家里静修。我每天清理家务、读书、打坐、禅舞。

通过擦玻璃发现自性

当时，我住在旧式的中型别墅里，楼上有个很大的阳台，我将它改为全落地窗式，当作我的书房，非常舒适。平日通过玻璃窗可以看见院子里的大树，夏天一眼望去都是花，但是因为忙，从来没有时间享受。

后来我带着家人开始清理房子。当我把大玻璃窗擦干净以后，通过玻璃，看到一片绿树，我突然进入一个没有任何念头、清静无染的状态中，和周围窗明几净的环境融为一体。我看了那么多佛书，做了那么多功课，也从来没有过此刻的感觉。

那个时候，我突然想起我小时候的片刻记忆。我七八岁时，看的第一本佛书叫《什么是佛法》，开头的一句话到现在还一直烙印在我的心上，那句话是这么说的："佛法是什么？佛法就是擦干净心灵上污垢的方法。人在成长的过程中，就像油灯边上慢慢会有脏污，只要把污垢擦干净，油灯依然会亮。"当时我就想，心上要怎么擦呢？我还问阿妈，心上脏了怎么擦呢？阿妈大笑，开玩笑说当然还是用抹布擦。当时我还想，抹布怎么能擦得到心呢？就在清理了大玻璃窗后，我突然体会到，当时那本书上的话和阿妈当年的玩笑代表了什么。

任何事都可能是发现自性的桥梁

根据每个人的习性，任何事都可能是发现自性的桥梁。

可能是禅修，可能是书法，可能是写诗，可能是绘画，也可能是通过翻译、通过演奏。我自己是通过音乐和舞蹈，还有禅修、清洁打扫，清楚地发现和经验到自性。

自性是我们清净的自心，是人人天生本具的。我们在三岁以前是活在自性的世界里的，当时我们看到的外在世界和大人一样，但是没有评判和分别心，是在一种纯然的觉醒状态中。长大之后，后天的教育使我们的自性慢慢被遮盖住了。所以，只要你时常保持一颗纯真的心，一颗清楚明白的心，你可能会通过任何事情发现自性，又找回那种纯然的觉醒状态。

❀ 与自己内心的觉醒大师相遇

安静地倾听自己内心的声音，

你自己是自己最好的倾听者，

与自己的内心深深地对话，

与自己内心的觉醒大师相遇。

第三章
央金六法之二
提升自心：居家四课练觉性

行住坐卧都是觉，
观到妄念都是空。
洗刷清理都要明，
化妆打扮都是乐。
啊！乐空也不二！
啊！明空也不二！
啊！觉空也不二！

家，就是一个女人的道场

自心是我们生命的本源，但是我们与这个源头分离不是一天两天了。我们经过长期的后天教育，习惯了用头脑思维，而不是用心去感受的生活模式。头脑把我们带入一个和外境分离的世界，离生命本源愈来愈远，烦恼自然就愈来愈多。

当发现自心以后，要通过日常生活中的每一件事，一次又一次重新连回这个本源。

禅修就是保持觉性，是开发我们如明镜一般的自心的重要方法。禅修的形式有"静中禅"和"动中禅"，要相互搭配。

静中禅，就是静坐。我们可以在家里布置一个环境，也可以找个角落，借由静坐使自己安静下来，更清晰地观察到自己的内心世界、各种念头、情绪与烦恼。由静生定，由定生慧。

动中禅，就是通过日常生活中做家务事或自性舞蹈，来练习保持觉性，与自心连接。带着觉性做家务、舞蹈、行走，会帮助身体脉络畅通，容易放下头脑的思维，使身体能量流动起来，身心轻松，烦恼减少，欢喜心自然升起。

自己的家，是一个女人待的时间最久的地方。家，就是一个女人的道场，也是你散发爱的能量的地方。所以提升自心，最好的地方就是你的家。

✤ 家是最适合女人修炼的地方

家里是女人放松的地方，

家里是女人创造的地方，

家里是女人做梦的地方，

家里是女人养育的地方，

家里是最让自己感到安全的地方，

家里是最让心得到休息的地方。

家里是最适合自由释放的地方，

家里是最适合女人修炼的地方。

居家第一课：创造环境

现代人的身心都被忙、恐惧、烦恼绑架了，先好好爱和体贴一下自己。体贴不是跑到外面去逛或购物，而是在自己的家里创造一个适合自己静心的小环境，一个给自己能量的充电站。还可以做一些神圣的祈请，与本源连接。让自己的觉性升起，在日常生活中，这种持续的练习会极为有用。

在家里找到让自己安住的空间

我们一回到家就很忙，总是有很多的家务琐碎事情，让自己忙个不停。虽然是在自己家里，但我们通常没有一处能让自己一下子就安住下来的空间。其实，这个安住的空间是可以创造的，不是随便给自己摆张桌子就完了，你要用内心去感觉，哪里感觉起来很舒适。

你需要一个坐下来就不想动的地方，不是多么豪华，也不是多大的空间，那是一个让自己心灵休息的安静角落。去感觉家里有什么地方适合自己。要具有安全感，不会被打扰，是一个很放松安静、温暖舒服的小空间。

心静下来，慢慢就会找到这样一个地方。放一个小垫子，或者是舒服的矮沙发。让身心能静下来，观看自己的心，这样效果比较好。你可以在这个小地方培养一个能量的磁场，一坐下来马上就能静下来，缓解疲劳，能量就会集中起来，变成你随时恢复能量的小站。

家是你心的显现

首先安静下来，保持觉性，将自己放在当下的感觉里。单纯地坐下来，单纯而专注地看看整个屋子，把心放在屋子里面，从看看每一个细节开始……你自然就知道，这个屋子应该怎么布置。

心在当下的时候，正确的答案会从心里出来。一开始，心最有可能会告诉你，屋子里面东西太多、太乱了。这其实就是心在告诉你，你的身体在这么满的地方感到很堵塞。如果你听从内心的声音，做清理之后，身体马上会感到轻松和舒适。这就是禅宗的"借境练心"。通过清理外境，自然清理你的内心。

如果持续做清理屋子的功课，你慢慢会体悟到房子就是你内心世界的显现。我和先生搬过很多次家，因此做清理房子的功课已经持续十年以上。所以我们居住的家，就是我们练习清理头脑和顺畅脉络的道场。

通过丢东西练习放下

这十几年下来，我的修行生活在不停地行走中，我也不停地搬家。我搬家并不是从这里搬到那里，而是大老远来到不同的国家和地区，所以面临要大量丢东西的状况。这个时候，我便看到自己对钟爱家具的留恋和执着，就慢慢从这里下手。是我的贪念，还是我真的需要它，结果其实大部分都是自己用不到的东西。我就学习送人和丢东西。

时间久了，我就训练出分辨自己真的要什么、不要什么，再也不给自己找麻烦、买过多的东西了。多年的功课做下来，房子的东西变得少了，身心感到非常轻松。

多余的东西最好是送给需要的人，如果舍不得就拿到旧货市场处理掉；如果还是舍不得，那就宁可暂时租地方放起来，也不要堆在家里。

房子和空间会告诉你怎么布置它

因此，我对空间的布置自然就体验出一套心法。每到一个地方，我就自然能布置出适合那个环境的空间。

其实空间自然会告诉你它适合怎么布置。但是，你首先要有一个和空间默契沟通的能力，要对当下的空间有尊重的心，不要急着把你自己的主观经验放进去。

首先在房子还是空屋的状态下，你安静地感觉一下，这里怎么布置最适合？我需要的功能是什么？怎么样我才会觉得最舒服？我现有的家具，哪些适合在这个空间，哪些不适合？千万不要只因为自己拥有舍不得丢掉，而把不适合的东西随便塞在某个角落里。这样，就像穿了一件不适合你的衣服一样，非常别扭。

与其出家，不如在家创造安静朴素的生活

女性大部分的时间都在家里，修行，就是要落实在生活中。

我们不可能出家做个圣人，事实上大部分人并不适合出家。出家人在寺院或修道院里过着非常简单朴素的生活，但他们也通过在寺院里做杂事来修炼心。

我在寺院里住过，出家也只是一种生活方式。只是寺院里的环境比起世间还是比较单纯，有点像在学校里生活。我们在家里也可以创造这种安静朴素的生活，如果你在自己家里找不到这种安静和安住的力量，那在寺院里面时间久了，你也是住不习惯的。

我们也不可能搬到大自然里住。自己的心里不平静，就是搬到大自然里，过几天你还是会嫌鸟叫声太吵。

我们也不可能丢下自己的家，因为还有一大堆的牵挂，那么还是从自己的家下手最容易。怎么过好自己的日子，还是心里的问题。

从慢慢清理自己的屋子开始，你就会不经意开发出内心的空间和快乐。

通过种花把女人丢失的美找回来

女人天生就喜欢美。女孩还小的时候，就喜欢玩花花草草，看到美的花，喜悦就会升起，所以我们可以找到丢失的童女之美。她就在我们的心里，只是我们暂时把她藏起来了。让我们再次把这种美找回来，而且是通过简单生活中的自然美来找。

通过练习种花，就会把你心里的美带出来。在家里就可以简单地种些花花草草，我们不要找借口说很忙，只要我们决定了，时间多的是。种点小花非常简单容易，千万不要搞复杂了。

你种花是为了养心，为了培养生活情趣。周末到花市去买些自然小野花，买些小花盆，甚至买些简单的园艺书籍。你会觉得很好玩，而且会在种花时发现，不是你在种花，而是花在帮助你把你逝去童年的美丽纯真带出来，因为花就是你内心的反射。这就是"借境练心"。

我们在成长中不小心会丢失一些珍贵的东西，需要借由外境再次找回来。

家是你创造美丽的地方

大家一直找不到"家"的感觉。有了家，总还是觉得缺少了什么，还是觉得没有家。这是因为你还没有找到自己"心里的家"。

我们可以把自己的家，当作是自己的心灵家园来练习。通过练习，你会发现自己内心有多少不可思议的创造力，也就不用老是跑到外面去找寻。其实我们需要家的感觉，就是心里的那份美丽和存在，而这份美丽的存在，在当下的那刻才会出现。

我们需要发现它，通过日常的生活中发觉和开发。女人天生就喜欢美，长大之后，除了从事艺术创作的女性，大部分的女性反而关闭了自己的天性。其实我们可以把爱美的天性恢复起来，在我们的生活中自由创作，你会发现许多灵感是随手拈来的——就在当下的灵感中。只要我们保持当下的觉知，生活中创造美丽不在话下。

❀ 培养内心的空间

在外面吵闹一天，
回家给自己找个空间休息。
只要有个简单、有安全感，
能够安住坐下来的地方就够了。
为自己沏杯茶或倒杯水，
静静地坐一会儿。
不要担心家里的事情没有做完，
不要担心小孩没有睡好。
给自己一点时间与自己的心相处，
要训练出自己心里的空间，
要慢慢觉知到躲在后面的自己，
要在空间中发现真正的自己。

居家第二课：禅修

禅修是让你能慢慢找到真正快乐的方法。我们会苦，主要是因为我们无法控制自己的心。而禅修就是专门让你了解自己的心的方法，教你如何掌握自己的心，成为自己心性的主人。

禅修是单纯而深刻的觉醒方法，是拔除你内心烦恼根源的方法。只要你掌握了要领，认真练习，你就有能力成为幸福快乐的人！

我在这本书里介绍一些禅修的基础知识，帮人先安静下来。如果你想深入禅修知识，可以参考很多高僧大德的书籍，像是竹清仁波切的《空：大自在的微笑》，教授了很清楚的禅修次第；或是明就仁波切的《明心之旅》，教授了清楚的禅修方法。这两位上师，是藏传佛教禅修方面公认的成就者。

禁语

语言，是非常有力量的波动能量。例如：我们赞美别人一句，对方听着心里马上舒服；骂别人一句，也会让他马上跳起来。所以，我们要非常小心自己语言里带着的讯息。尽量少讲话，免得自己在情绪上说话伤了别人，或者冤枉了别人。

禁语让我们有足够的时间过滤我们语言的动机，觉察到自己的念头和情绪：禁语会使女人变安静，禁语会使女人变细腻，禁语会使女人变温柔，禁语会使女人变明白，禁语会使女人变敏锐，禁语会使女人升智慧。

准备好静坐前的东西

准备一个可以打坐的垫子或椅子。最好是盘腿坐在垫子上，如果腰背不好，需要坐椅子，那么椅子不要太高，高了很容易累，以双脚能轻松着地为佳。

不信你可以试试看。如果人坐在地上，第一会很容易放松，第二很容易守住丹田的能量。古人都喜欢席地而坐是有道理的，所以你要找个让自己可以席地而坐的地方，找块盖腿布、一块披肩，经常来坐一坐。

坐下之前，不要忘了拿杯水。不然你坐下来了以后，又想起来去拿杯水，又站起来。这样来回很打扰你的安住，安住的感觉就被破坏了。

所以准备好前期的东西很重要。

静坐从简单与自己在一起开始

在安静的空间里安住下来。一开始你不要急着做点什么，不要有马上想做成什么的念头，就简单地与自己的身体在一起。

以每次十分钟开始，能做到每天多次最佳。

念头再多也没关系，不要跟随它，也不要分析它。关键是先让自己静下来，练习久了就有用。别怕浪费时间，愈是这样你愈要坚持，这种害怕也是你的一面，能发现自己的害怕也是好的。我们坐下来就是要看清楚，自己到底在忙些什么，因为我们的不清楚和忙乱，才是真正的浪费时间。如果你能发现这些，就有一种觉察的能力了，真正整合自己的时候就到了。就这样简单地坚持下去，你内在的力量将会慢慢出现。

静坐是在你和你的身体、在你和你的头脑之间，创造某些空间。如果你在自己的生命中存在任何纠结，那是因为你局限于自己的某些有限里面。

所以静坐的本质在于，它创造了一个空间，是位在你和你的"头脑"之间的一个距离。你经历的所有苦难都是你的头脑创造出来的，如果你跟头脑拉开距离，这种受苦的感觉就会停止。这就是东方古老的静坐法，用来体悟到一切的外境都是自己的心化现的，一切的妄念都是虚幻不实的。

静坐的七个要点

明就仁波切是第一位带我向内观心的老师。2002年，我先生邀请他专门教授我们"止观禅修"和"大手印"的禅修要点，为我之后的禅修打下了坚实的基础。

他被喻为近代噶举派年轻活佛中禅修最深的一位。以下就是明就仁波切教我的静坐姿势七要点。在藏传佛法中，所有老师都是依照这七个姿势要点，这些姿势要点在刚开始学习静坐时特别重要。不清净的气在身体里乱转，会使我们烦恼多，静不下来。静坐姿势端正、气顺了、心静了，自然会健康、长寿、少烦恼，而且还会变年轻，皱纹也会减少。

第一是盘腿坐。如果能双盘最好。如果不能，散盘或坐在椅子上也可以。

第二是手结定印。也就是一手叠在另一手上，手心向上，置于双踝之间的腿上。如果不舒服，双手手掌向下平放在双膝上也可以。

第三是双肩自然舒展、放平、放松。双臂自然下垂，手肘有点空，自成圆弧形。

第四是脊椎要直。但也不要硬撑着。若背不舒服，背靠椅背或垫子挺起来也可以。

第五是颈部中正、下颚内收。但不必用力收，颈正放松，自然下颚就内收了。

第六是双唇微张，上下齿微开，舌顶上颚。

第七特别重要，就是眼睛要睁开。眼睛睁开，放松，可以直视前方，也可以微微向下或向上，但头要平。闭眼容易昏沉，落入痴滞，甚至陷入幻觉中，对日后深入禅修会有障碍。

这些都是非常关键的要领，是未来禅修的基础。

禅修的两个大秘密

禅修有两个大秘密，很简单，但很少人知道。

第一个秘密是"少量多次"。最好的禅修方法是每次时间短，一天多做几次。初学的人，哪怕每次只有五分钟都好，但要尽量多做几次。如果一天能有十几次短短的禅修，一星期下来就会觉得生命变得不同了。

　　每次禅修的质量远比时间的长短重要。坐久了，有些人只剩下身体在打坐，脑子胡思乱想到全世界各地去玩了，那是没有任何意义、也没有任何好处的。也有些人，一坐就昏昏沉沉睡着了，还不如好好睡一觉再坐。还有些人，每次要求自己坐久一点，又坐不住，后来一想到禅修就紧张和烦恼。静坐时东想西想、昏沉打呼、拼命努力等坏习惯，一旦养成就很难改。所以，一开始养成好习惯很重要。

　　禅修是为了放松，不是比赛，也不是做功课。每次时间短，次数多，你就会愈来愈喜欢静坐。

　　第二个秘密是"觉就是禅修"。只要你保持觉性，就是在禅修。

　　很多人以为禅修是要有一种激动的感觉，像是大神附体了、看到佛菩萨了、心花怒放了……其实那不是真正的禅修。真正的禅修是很平常的，当你习惯在静坐时保持觉性，慢慢地就会发现，在日常生活中，你随时随处都可以禅修。

　　一段时间以后，你会发现生命开始变化。你心中会有一种宁静的感觉，烦恼自然变少了，会看到周围的美丽，内心有一种很平静的喜乐。

每日禅坐十分钟

　　每天给自己最少十分钟的禅修时间。现代人都很忙，时间不够用，但是十分钟一定找得出来。最好是每天多做几次，有佛堂或禅堂更好，如果没有，床上或椅子上都行。

身体要直，在屁股底下垫个枕头，眼睛张开，平视前方。如果你有信仰，可以念诵你的祈祷文。不管你是佛教徒还是基督教徒，是回教徒或者是天主教徒，甚至是无神论者也没有关系。

只要你能够安静下来，静静倾听内心的声音。既不要有什么希求的心，也不要随着念头乱跑，只是静静地与自己相处。

只要你保持清醒就够了，只要你保持轻松就够了，只是把自己安住在当下的状态就够了。这样每天坚持在你的自然状态中，看到什么都不要跟随，想到什么更不要分析，只要你安住在当下的那一刻就够了。

慢慢地，你会开发出像天空一般的自性来，慢慢地，你就会发现躲在后面的真正的自己。

禅修就是这么简单

禅修就是学习当下，保持觉性。当下就是让我们从分离的头脑世界里走出来。一旦有头脑参与，一定是把我们带到一个不是留恋过去、就是懊恼过去或者是期盼未来、担心未来这样一个假象的世界里。只有当下，才能离开过去和未来的世界。

禅修的第一步是练习"止"，也就是保持觉性、心不散乱。不是把心停止了，进入什么都没有的境界，而是要放松，清楚明白地觉知当下。

修止的方法很多，最直接的是"观心不造作"，也就是不想过去未来，安住在当下。任何念头在脑海中出现时，不跟着东想西想，但是也不要去阻止它、消除它，只要不跟随它就可以了。

放松安住的感觉，有点像你刚运动完，"哈啊"一声，一下子放松的感觉。那时，一切都能清清楚楚地看到，非常明亮清晰，但是心里没有任何念头，心不散乱。

禅修时也不必修其他的法，不必起善念、祈请、感恩。只要安住放松，保持清楚明白就好。

其实禅修就是这么简单。

❀ 一段精彩的禅修开示

在禅修的过程中，有许多大师的法语对我帮助很大，以下是我常用的一段。

现在为你开示本觉，要点有三：

一、清除过去之念，不留纤毫痕迹；

二、向未来之念开放，不受他境所染；

三、安住当下心境，不修整造作。

如此的觉照，实在平凡无奇，

无思无念地观照自我，

若仅仅纯粹观察，唯见明空之境，并无任何观者存在，

当下只是纯粹的觉照而已。

此觉空明无染，非由他生，

它真实无杂，明空不二。

它既非永恒，亦非受造，

然而它绝非虚无，因它光明遍在。

它也不是单一的实体，因它明显地遍存万物。

然而它亦不似一般物质和合而成，

因它不可分割，只具一味。

总之，我们本具的自觉，绝非源自任何外物，

如此方是真正观察实相之道。

参加传统佛教课程

2004年，我随宇廷搬到了台北。我发现在台湾比在西藏还容易学到佛法。在西藏，去一个寺院要费挺大的功夫，花很多时间，而且寺院也很少对一般人讲课，很难学到修行的方法。

然而，从世界各地到台湾弘法的仁波切却很多，几乎每天都有课可上，每个周末都有法会。因为搬到台北，我有机会参加了四五十个传统的藏传佛教法会，还向十几位大师学法，接受灌顶，像是堪布竹清仁波切、明就仁波切、宗萨仁波切、直贡法王、贝诺法王、创古仁波切等等，都是西藏很难见到的大修行人。

那段时间，我升起了很多禅修的觉受。每次回家告诉先生，他都觉得很不可思议，总是会马上翻出经书，告诉我刚才的觉受是什么，有什么要注意的，还有不要执着境界。

像是我参加宗萨钦哲仁波切在台湾举办的三日普巴金刚法会，每天早上修法，下午禅修。在一次禅修中，我看到自己身体里面的所有内脏。那时候，我还没有"一切都是自己的心化现"这样的知见，只是对这种现象感觉很新鲜。

整体来说，2004年到2005年间，我有时充满了法喜，有时执

着于禅修中好玩或舒服的境界，有时执着在清安和清净，应该算是一种执着"偏空"喜乐的境界吧。

但这些好的觉受并不持久，烦恼来的时候心里还是感觉苦。由于还没有悟到烦恼的本质是虚幻不实的，也还没有找到突破烦恼的方法，禅修时总有很好的境界，但是和现实世界连不起来，所以变得很执着"出离心"，常想逃离现实世界。

现在回头看，对我来说，那可能是一个必要的过程吧。或许那段过程，使我从世俗脱离出来，才能经验到纯净的心性。

禅行：从走路和慢跑练习当下的觉知心

我们都会走路，却没有在走路中带着觉性。这个觉性就是知道自己在走路，感觉两脚踩在地上的感觉。照顾自己在走路，在走路的过程中，心在当下，觉知脚下。

有些人喜欢边走路边想事情，这个习惯其实很不好很严重的。人在这个时候如果遇到一个突发事件，马上就乱了。我们都有这个经验，自己被头脑带走、不在当下的时候，突然一件事情很容易把自己吓到。其实那一刻你在糊涂的妄念上面，不是思念过去，就是想着未来，没有处在当下，觉知当下。

即使是在家走路也可以变成禅修。只要带着觉性走路，就是在禅修。

首先，觉知脚的动作，感觉到抬脚向前慢走，一步步专注并觉知两脚的动作，脚跟触地，脚掌触地，脚趾触地，脚离地向前移动，觉知每一个动作，静静地以觉性照顾脚下。

这样你每天在家里走来走去，也变成是禅修了。这就是"禅行"，亦即把觉性带到当下的生活节奏中。

所以，动中禅修仍然是静坐的继续，把静坐中的感觉继续保持在动中。这样练习久了，有一天你自然会在动中体会出你的念头和身体以外，还有一个完全清新、觉知周围的自己在这里。这个时候，你的觉醒之路就开始了。

就连跑步，也可以禅修，记得一定要在安全的地方做。开始时，祈愿宇宙所有好的能量都给予你。呼吸放自然，把心收回来，不要东张西望，头微微向下看，双眼看到脚尖，专注在脚下，不断提醒自己：觉知脚下。

若是念头跑了，再把它拉回来，不断提醒自己：觉知在脚下。不要跑得太猛烈，只要自然地跑就行，只要保持一个单纯的跑就够了。保持觉性，一直跑下去，自然就会进入一种状态。带着觉知当下的心跑步，不仅在锻炼自己的身体，同时在顺畅自己的脉络。这样的跑步就变成了禅修，时间久了，你的心会变得清明，慢慢就会觉醒了。

动中禅：觉之舞

这是打开内心的好方法。你可以找个大一点的地方，穿上宽松的衣服，播放最喜欢的音乐，一个人跳。不要评判自己跳得好不好，跟随内心的声音，在当下爱怎么跳就怎么跳。人的内心被外在压抑束缚太久了，肢体都变僵硬了，这时，你更不能被思维局限，那又是一个捆绑。完全跟随内心自己的动作，觉知你的感觉，你就会像天使一般飞舞。

这就是快速的动中禅。

觉醒之眠：禅睡

用觉之舞打开身心以后，再行一阵禅睡，让身心大大得到休息。这时你的杂念会非常少，才会体验到觉醒的觉，有觉才是禅。

现代人杂念多，烦恼多，所以一开始闷着头使劲打坐禅修，是很难起作用的。身心从疲劳中恢复之后，再禅坐观看自己的心，这样效果比较好。让自己的觉性升起，在日常生活中，这珍贵的觉受会极为有用。

走路的观想

头顶阿弥陀，
心如明镜台，
脚下踩莲花，
觉知是净土。

居家第三课：清理

我们每天和自己的头脑在打交道，心，我们是碰不到的。带着觉性清理家务，就是在清理自己的内心。我们把家清理干净了，心也就清净了，自心的明光就出现了。

用清理屋子练习布施

我们女人喜欢买东西，有用没用总是买了往家里堆，所以总是堆得乱七八糟的，有些人的家里甚至变成堆东西的仓库，严重一点的几乎成了垃圾场。

大部分人家里的东西都太多，我们需要学会不断清理自己的家，一个房间一个房间开始清理。先感觉一个房间里面的功能是什么，哪些东西非要不可，哪些是没用或多余的。只要感觉多余，就可以清出来送给需要的人。

这样做有两个好处，一方面可以让你的房子变得更加清静，另一方面可以练习布施，你会变得愈来愈快乐。经常做这个功课，你会发现，在简单的生活中就会出现不可思议的快乐。

❀ 女人的家就是爱的殿堂

你的家就是你的心窝，

你的家就是你的世界，

你的家就是你的希望，

你的家就是你的作品。

你的家就是心灵的示现，

你的家就是你心的殿堂。

看自己的家就知道自己的心境，

看自己的家就知道自己是否干净。

看自己的家就知道是否堆积太多，

看自己的家就知道是否需要清理。

看自己的家就知道自己是否很快乐，

看自己的家就知道自己是否要改变。

只要你从清理屋子开始，

你的身体就会慢慢变好。

只要你开始丢东西，

你身体里面的堆积会畅通。

只要你开始把家里的杂物清理清楚，

你身体里乱掉的脉络就会被理顺。

只要你带着这样的觉知能力看房子，

你慢慢就会知道如何与家相处。

因为我们的贪念，堆积了太多没用的东西，

因为曾经的欠缺，我们买了很多多余的东西。

只要你静下来与房间的每个角落对话，

安静听听房间里面到底要什么，

房间就会告诉你该怎么布置它，

保证比用头脑指挥布置来得好。

从照顾房间的感觉开始，你慢慢会发现，

你自己出了什么问题。

我自己通过房间的清理，

发现了太多自己过去的未知。

清理房间是我到现在还在做的修行功课，

所以我的家永远是我的最爱，

也是朋友非常喜欢来待的地方。

家是我多年养出来的一个磁场，

你的家就是你的磁场，

希望我们养出一个自己喜欢的地方！

在烦琐的家务事中觉醒

女性在家里扮演非常重要的角色，一个女性的觉醒对全家的带领和贡献，会直接影响三代人。

女人和家务琐事是分不开的，不论已婚还是单身都一样，有家庭和孩子的女人更应该在日常的琐碎事务中练习觉醒的能力。利用生活中琐碎的事情来借境练心，心不受影响，活在当下。不然我们照样花时间在家务事上，却没有学习到觉醒的方法，实在太可惜了。

首先要练习保持觉性。保持孩子般单纯的状态，因为我们已经被教育，非要不断考虑事情才行。于是头脑不停地创造妄念和恐惧，不是过去就是未来的事情，我们要从这样的思维模式里一起出来。要练习事情再多都不要烦，放轻松，在放松的状态下才有办法理清楚杂事。

第二，事有轻重缓急。先把今天需要处理的事情大概在脑子里想一遍。家务事可以在处理重要的事情空隙中完成，尤其是杂物清理等小事。比如，你需要处理邮件、电脑或电话等事务，处理完之后，你也可以到厨房洗洗碗盘什么的。这样通过在生活中交替做事情，训练当下的能力，既可以让大脑得到休息，又可以做完家事，一举两得。

第三，你在家里走来走去，顺手就可以清理和整理手下的杂事，练习当下。做起来非常容易又轻松，慢慢地，做家事就成为享受，让你的大脑在休息的过程中，顺便整理思绪。在做家事的同时，当下若有新的好点子就会自然跑出来。

所以，只要你保持当下的觉性，一切行为都会变成禅修，智慧自然就会慢慢升起。

清理前要准备好工具

清理房子其实也是非常有意义的身体锻炼，如果事先把东西准备好，做的过程中又照顾好我们的心，不感到烦闷，也不把身体累坏或让它受伤，不慌不忙，不急不躁，在当下完成每一个环节。做完之后，对身心来说绝对都是大大的享受。

动手清理之前，要想到程序，不要一上来就动手，要先把会用到的东西都准备齐全，比如扫把、簸箕、拖把、水桶、洗洁精、抹布等基本东西要齐全。这个很重要，不要轻忽。不然在做事情的过程中才想到要用到的话，只好停下手里的活，跑去拿一次，这样来回折腾几次，身体的一种自然节奏被打断了，心里就容易厌烦，接着就没耐心做下去了。这样既没有得到好的经验，之后想到做家事又会跑出不好的记忆，就会抗拒，害怕做家事。

　　清理的时候，先从一个房间开始，千万不要贪心，想一次全部清理完，结果把自己搞得很累很乱，这样就无法达到清理内外一如的效果。要关注和享受做事情的过程，不要只求结果。

清理的大智慧：身体在动中保持在当下

　　我过去打拼企业的时候，非常忙碌，像救火队一样，每天飞来飞去，处理公司内外发生的各种问题。我的家，对我来说就只是回来睡觉的地方。家里的家务有人打理，也有家人做饭，从来没有心思管家里的事情。想到做家务、清扫房子、做饭，感觉都不是我的事情，也不觉得多么重要。

　　结婚之后，我开始学习做慈善事业和修行，有位老师带我从生活中修行，就是先从清理自己的家开始。我认真地开始做，从做中才体会到，天啊，原来自己不小心就堆积了那么多不用的东西！

　　经过长时间清理屋子的功课，我才体会到原来这里头有那么多深奥的智慧！怪不得古代的禅师教导修行，就是在吃喝拉撒、行住坐卧之间有觉，就是禅修。

　　我的阿妈从小就训练我在当下用心，我完全不知道阿妈教我的就是禅法。阿妈会带着我做，只是她不会讲而已。

通过清理房子，身体自然地动，在动中会愈来愈保持在当下，身体慢慢打开。心安静、专注在动作上，其实就是在整理身体里面的脉络。在身体的动中，头脑的思维慢慢会停止，你就会处在当下，这时候有一个在动的自己，还有一个觉知自己在动的自己。动中有觉，觉中有动；动我不分，觉我也不分。这是一个在生活中练习觉性的方法，也是一种动中禅法。

清理屋子可以畅通气脉

女人很容易累，是因为我们身体的气脉不开，气脉不开，能量流动不起来，烦恼自然就多。

这时候最好的方法是清理自己的家。通过身体自然的动，能量自然就流动起来了。

此外，如果屋内物品的摆设不顺或不和谐，也会影响你身体能量的流动。东方讲究风水，是很有道理的。所以，经常清理你的房子，用心将东西放好，即是在清理你体内堆积的能量，身体的气脉顺畅了，你的心就清明了，烦恼自然少了。

清理屋子就是清理自己身心的业力

因为修行、结婚等经历，我搬家的次数很多，却愈搬愈轻松欢喜。每次搬家都是一个大大清理业力的机会。多年来，我的家变成了我最爱的世界，朋友们也都喜欢来我的家里坐坐。

我的家就是我的内心居住空间创造，我的家就是我生活方式的呈现。愈来愈简单，愈来愈自在，愈来愈清静。我在自己的家里接待很多的朋友，大家来了都会说："你家里能量好安静、好舒服！"

因此，我爱上了清理屋子的功课，愈做愈深，愈做愈细腻了。愈清理屋子，自己的身体就愈舒服；愈清理，欢喜心愈常生起。一段时间之后，我的面相都变了，开始变得柔软平和，眼睛也变得亮亮的。多年来，我的脸随着我的内心一直在变，现在偶然看到十几年做企业时候的照片，感觉比现在还老。因为那时候的烦恼比现在多，现在我变成一个快乐自在的人了。

通过身体的疲劳，找到心灵的休息

女人的身体很容易累，主要是我们的身体属于阴性，加上生育之后，气脉不开又堵塞，所以烦恼就多了起来。我的经验是可以做一些运动量大的劳动，比如拖地就是一种很好的运动，会让你慢慢出汗，不但不累，反而会让你感到身心舒畅。

尤其是拖完地、出一身大汗，坐下来大大舒展出一口气。那个刹那间，你没有妄念，在一种满足中休息。

你一定要记住这个瞬间的感觉，这将使你体会到"无念"的状态，是非常珍贵的：当你的身体劳动累了，突然歇下来、大舒一口气之后的瞬间，你什么都不再想。你既没有在过去里面，也没有在妄念未来，就在一种纯然的觉性状态中。那个刹那，就在一个当下的状态里。有了这种感觉的体会，你可以经常找到这种感觉，慢慢地保持它，慢慢地放长它。

很多时候，我们在打坐时都没有这种感觉。有时候打坐妄念会很多，所以需要结合动与静。因此，当寺院里的修行人静坐妄念多的时候，就会去做点身体劳动，累了之后再去静坐，这样反而更有力量。

女人生气时要拖地，烦恼在动中自然被转化

生气只是一种能量，只是能量被卡住了而已。身体的能量无法流动就会生烦恼。尤其是身体能量低的时候，更无法保持觉醒，容易被烦恼包围。气脉就容易堵塞，就像水沟塞住了一样。

这时，我们可以通过身体活动把它打开。有个简单又不用花钱的方法就是拖地，拖地可以消除烦恼，又能找回快乐，效果就像清干净自己的心一样。房子就像是我们的身体，又因为拖地太简单，你不必用脑去思考，你的心就可以放松和休息，又不花钱，你也不用急着赶时间。通过拖地，身体里的能量就可以流动、开展；通过拖地，就把身体里堆积的废气排出去了；通过拖地，全身的毛孔都张开了。全身出了大汗，脏东西都排出去了，整个房子都会变得很干净、很清净，那么，你一定会有身体轻松、心情愉快的感觉，就像是清空了你心里的堆积一样，你的心也会随着轻松、喜悦起来。

原来身体这么简单就能被打开，原来心灵这么简单就能被满足，原来快乐这么简单就会回来，原来烦恼就在动中自然地转化了！

劳累中的空性

在劳累之后，
休息的刹那，
没有过去，
也不想未来。
就驻留在那一刻，
就享受在那一刻，
就安住在那一刻，
就觉知在那一刻。
保持这种感觉，
记住这种感觉，
延长这种感觉，
练习这种感觉。
那就是自心的状态，
那就是天空一样的自由，
那就是笼鸟飞出的解放，
那就是空性中的自心。

居家第四课：随处练心

在自己的家里，随处都能找到"练心"的场地。

练心，心是什么？我们要找心的时候找不到，也抓不住。心只能随处去经验。我们通过家里每天的日常生活，去经验心的运作。

请你想一想，在你的身上发生的所有事，都一定和你的心有关联，只是你轻忽了其中的关系。就好像我们呼吸着空气，却从来不去想到空气；但没有了空气，就会死亡。如果我们平时就带着这样一颗明白的心，来照看自己生活中的一切事情，我们的生命才会有机会深刻一点，才有机会提升。

修行就是在行住坐卧、吃喝拉撒时保持觉性

从古至今，当人们问一些禅师该如何修行，他们会回答："修行就是行住坐卧，就是吃喝拉撒。"

当我们听到这样简单的回答，一定会很不在乎，一定会像大家对西藏密宗的理解那样，觉得非常神秘。人的头脑设定是喜欢复杂的东西，对简单的自然本性，反而不相信。

修行就是让自己的一切变得简单起来，自然起来。回归生命的本源。本源是最自然、最单纯的。从每天自然的呼吸开始，保持一种觉知的感觉，头脑不要东想西想。如果念头把你带跑了，

就把它拉回来，保持在当下就好。不管你在走路、打电话，还是吃饭，或者是和别人讲话，都保持在一个觉知的状态里。这种状态就是：你知道你在走路，你知道你在和别人讲话，你知道你在吃饭……保持这样的觉知，你的日常生活就变成你禅修的一部分了。经过不断地练习，你的心就会变得非常清明，烦恼减少，欢喜心升起。

厨房：练习慈悲和爱心最直接的地方

厨房是练习慈悲和爱心最直接的地方，可以直接把爱的能量放在每一道饭菜里面。爱的能量可以用很多渠道传递，能量就像是一股电流，而我们是电流的传导器。首先要有电，也就是爱心，再通过我们的意念，通过我们的手，传到每道饭菜里面。

练习时一定要保持当下一颗清静的心，才能达到这样的效果。

厨房一定要干净整洁

厨房是家人一日三餐的地方，保持干净非常重要。厨房不干净，日积月累，会吃下去很多不干净的东西，除了影响身体，也会影响心。

所以，请经常清理厨房，即使是不容易看到的角落里面都要清理干净，冰箱更是要经常性地清理一下。最重要的是，各种调味料和调味瓶的瓶盖和瓶口上很容易堆积污垢，千万不可小看，要彻底清理干净。

这些都是生活中的小细节，小细节干净了，心自然会变细，也就更容易静下来。

避免外在的脏乱，也会帮助我们避免累积不好的业力。我们可以借着清理外境，来擦干净我们擦不到的内心。

主妇做饭要有好心情

做菜的时候，有正面的好心情非常重要。

厨房就像我们的内脏。你或许也会感觉到，厨房里一切的呈现，与我们内脏的脉络能量有关。一个心情纠结郁闷的女人，她的厨房里面的磁场一定非常不好；换作是一个开朗快乐的女人，她的厨房里面的磁场感觉就很舒服。包括我们自己在家里请阿姨、保姆，也一定注意这位阿姨的秉性是否善良。但是一个秉性不善良的女主人，也很难遇到好的阿姨，都是相互的。女主人不善良，就是遇到善良的阿姨也不会珍惜，阿姨也会被女主人的能量影响。

如果我们的肠胃不好，一定与我们的心情和饮食有关。一个情绪不好的主妇，她在家里会一直释放负面能量，她会通过念头与呼吸，把负面的能量释放到空间里。虽然我们的眼睛看不到，我们的心却是敏感的，我们会感到不舒服，这表示什么？空间磁场里面的能量非常不好。

而且，情绪不好的主妇会被这种忧伤愤怒的负面能量占有，她就变成一个负面的磁场；她通过呼吸和头脑污染了周围的磁场，空间里就布满了负面的能量。在这种负面磁场里，女主人又边骂着人，边做饭菜，你想想这样诅咒过的饭菜带有什么样的能量？全部是负面的能量系统。这样的饭菜吃下去，变成了带着负面能量的食物，如同毒药，时间久了身体就会得病。虽然你暂时感觉不到，但是的确存在。现在的科学仪器已经可以测量出能量的指标。

做饭是我制造美丽心情的过程

在美国住的那几年，家里没有人帮忙，我自己是一位百分百的家庭主妇。大概有两年的时间，我都亲自下厨。我在美国的家很大，一位老师把我的家当成接待弟子的中心，每天都会有很多人来吃饭。

刚开始进厨房的时候，很有压力，但是我练习带着觉性做每一件小事，慢慢找到一种踏实的感觉，手底下不忙乱了。

在凌乱的厨房环境里面，因为心安静下来、专注在当下的细节时，每个环节就变得很有条理、具有节奏了。

我做菜的时候喜欢放轻松的音乐，听着音乐，心情就会很好，做菜变成了一个制造美丽心情的过程。

洗菜、切菜、炒菜整个过程里面，菜和我之间有一种很好的关系，周围的东西和我之间也都有一种很好的关系，它们都变成了我的小助手一样。虽然我的饭菜都很简单，不华丽也不复杂，但是做饭的过程我很享受。

这让我想起从小就跟着阿妈在厨房做事，也听她讲很多关于她们家族女人在厨房做事情的规矩。阿妈边讲，就顺手把她在厨房里做事的一些规矩教授给我。

我的身高还够不到碗柜，于是踩着凳子摆放碗，根据大小花纹把各种碗归类，碗架摆得非常漂亮整齐。阿妈称赞我，说："你这样做很用心，把自己的思绪都整理清楚了。"可见，从厨房就能看出一个女人的性格。

那时候我还小，身心和做事情有什么关系还不是很清楚。只是那一刻，我看着自己摆过的碗架一片美丽，感到无限的开心。

饭用心做，就会好吃，有好的能量

我在台湾的汉传寺院，以及在印度、尼泊尔和美国的一些寺院里吃到的饭，都非常简单，但是很好吃，材料很普通，却比饭店好吃多了。为什么呢？因为饭里有好的能量。出家人把做饭当成是练习慈悲心、练习布施、练习保持觉性的重要法门。

妈妈做的饭总是很好吃，为什么呢？因为妈妈做饭时全神贯注，很用心地为全家人做一顿好吃的饭菜。因为她这个心念，即便是非常简单的家常便饭，都很好吃。

我还在做企业的时候，几乎每天都在外面吃饭应酬。应酬的地方都非常贵，一桌饭菜最少几千上万，但我的经验就是每次结束，都觉得自己像是没有吃饱一样。因为，第一，我所有精力都花在了讲话上；第二，天天看到那么贵的饭菜都是一个模样，一个味道，就不想吃。那时候，我还不清楚饭菜里的干净度和能量这些东西。

每次应酬完，半夜回到家里，阿妈总是给我留了饭，我还是喜欢吃阿妈亲手做的面片。现在我才明白，因为那是阿妈用爱全心为我做的饭菜，尽管简单朴素，却饱含母亲的爱。所以，我们大家都有同样的经验，自己的母亲做的饭就是好吃。我们吃尽了各地的饭菜，也没有什么记忆，但是回想起母亲的饭菜，心里总是留着一股暖暖的香味。原因只是因为饭里面有母亲无条件的爱的能量！后来，我嫁到台湾，婆家是吃素的，我婆婆的饭菜也做得很好吃，她会做很多很香的素菜。

现在的我很少在外面吃饭，也不是很喜欢外食。我总是喜欢请朋友来我家里吃饭，有时候我忙，也不亲自下厨，但在北京，有我的嫂子做饭。所有朋友来家里吃饭，都会说："太好吃了。"其实吃的只是简单的家常菜、我们家乡的手工拉面，却人人都爱吃。主要原因是我的嫂子有母亲的味道。所以每次我回北京，踏进厨房看到有嫂子在，永远有种母亲还在的感觉，我就会找到小时候的感觉，感到非常幸福。

❀ 厨房是女人练习布施功德的地方

厨房是我们每天进食的地方，
是养育我们的地方，
我们对这个地方要升起感恩的心，
我们用感恩的心为家人做一顿饭菜，
用善念的加持，
用爱心的创作，
把我们美好的祝念都放在每顿饭菜里面，
愿全家人吃了我们做的饭都会欢喜和幸福。

客厅：看电视练心

电视是我们获取许多外在讯息的空间。不管你是否喜欢看电视，你家里的其他人都会看。先生喜欢的、孩子喜欢的或老人们喜欢的都不同。作为家里的女主人，这也是你学习的功课。每次经过客厅，听到电视嘈杂的声音，不要让吵闹的声音进入你的头脑去影响你。不要经过头脑来评判你喜欢还是不喜欢，你只是保持觉性，听到就好。这样的听到和看到电视，就变成是你禅修的一部分。

不要掉进连续剧的世界

女人喜欢看连续剧，一集又一集，一档又一档，停不下来，没完没了，就连我自己也曾经这样。现在我没有时间看，也很少看，偶尔会和家人一起观赏好的影片。但是如果看了连续剧，又容易掉进去，无法自拔。尤其是好的连续剧，非看完不可，不看完，会影响白天的工作，情绪也会受影响，甚至随着连续剧，鼻涕眼泪掉个不停。

当然，我们也不可能不看连续剧，但是得适可而止。有些太太把时间都花在看电视上，就靠电视活着，看久了，就会上瘾。精神上上瘾了，我们就开始依赖连续剧，跟随一个又一个故事，电视给我们什么，我们就看什么，也不思考它能给我们什么样的精神粮食。却不知道它在潜移默化中影响着我们的思维和心，因为我们已经在精彩的故事情节里迷失了，甚至分不清真实人生和电视里的人生！

如果我们从中学习到提升自己的东西，如果那里头能帮助我们思考生命的真理，那还值得。悲惨的是，现在大部分的节目都没有什么意义，很多只是精神上的麻醉和毒药。我们看了，就会上瘾，会愈陷愈深，花费大量的时间实在是太可惜了。

看电视禅修法

电视只是你打发日子的一种方式，既然你放不下电视的诱惑，那就把电视当作修行的工具，变成一举两得的好事情。用电视帮助练习觉知自己的起心动念，开启觉性，让看电视变成是禅修的一部分。

每天走向电视时，提醒自己，观察自己看电视的动机，是想知道一些外面的新闻、特别节目，还是只是习惯？或者是对电视里某个故事迷恋的反应？

开始看电视时，感觉一下，此刻"在看电视"的感觉。你知道自己在看电视，一面看，一面保持这个"觉知在看"的觉受。在看连续剧时，觉知"我在看影片"，觉知看电视后面的自己，是很微妙的一种感觉。在这"觉知"的觉受中，有一个你在看，同时有一个知道自己在看的感觉。

保持这种感觉。你的视野会扩大，会感觉剧情后面的更多东西。这个觉知着看电视的自己的观察者，这个观察者经验到的东西，会超越故事里的东西。你在看电视时保持觉性的状态，就是一种禅修。如果你在行住坐卧中都保持这样的觉性，就等于一整天都在禅修。

看新闻、广告练心

看新闻时，问自己："如果被报道的事，发生在我的身上，我会如何反应？""我该做些什么、表达什么，对事情会有帮助？""如果被报道的人，是我自己或我的亲人，我会如何反应？"

练习设身处地，培养人溺己溺的同情心。"如果我是他，他是我，我会如何反应？"

练习自他交换，培养众生一体的心。

广告达人在短短几秒间，就能打动人的那根购买弦。你可以一面看广告，一面观察自己的心念，这就是"借境练心"。无论是否起了购物的欲念，只要看到自己的起心动念。只要你觉察到这一切，就培养了生活中的觉知心，看电视就变成禅修的一部分。慢慢坚持下去，那么不论你处在何种处境，都会在一种觉知的状态中，对事情就会有整体而全面的觉察力，就培养了一种清清楚楚、明明白白的超越头脑和经验的能力。

浴室：女人消除疲劳的小魔法

浴室，是女人发现自心的场所，也是消除疲劳、随时减压的最佳场所，让我们在浴室施展"消除疲劳的小魔法"吧！

点起星星点点的蜡烛，打开浪漫柔和的灯光。放上轻柔的音乐，准备一杯红酒。在水池放满温热的水，撒些能够消除疲劳的浴盐。全身浸泡在暖池中，微微闭起双眼，松松摊开全身，轻轻抚摸全身。深深地呼吸，静静地享受。温柔地告诉全身细胞，你是多么照顾它们。暖暖的净水融掉了你的疲惫，无求的当下化掉了你的焦虑。学会随时减压，熟悉享受当下。静静呵护自己的心灵，慢慢发现觉知的自心。

❀ 女人清晨甘露浴

每天让自己享用一次甘露浴，
每天让自己提升一下能量的磁场。
这样可以洗净自己的身体，
这样可以纯净自己的心灵。
这样可以净化自己污浊的能量，
这样可以启动自己体内不老的细胞。
这样可以唤醒自己的内心。

裸体进入淋浴间，
消除昨夜的梦境。
不想今天的事务，
觉醒安住在当下。

放掉头脑觉自心，
调试水温，不烫也不凉，
轻轻闭起双眼和双唇。

观想自己的头顶是张开的，
观想淋浴水来自天上的甘露。

纯净的甘露从头顶进入自己身体，
暖暖的甘露从内渗透到全身，
纯净的甘露从头直通到脚底。

把污垢全部洗到底，
把疲劳全部冲光光。
把焦虑全部消没了，
把业力全部清干净。

轻轻走出淋浴间，
不慌不忙擦全身，
感觉自身从内到外换新。
告诉自己又重生了一次，
迎接开心美丽的一天。

修炼专注的刷牙法

看着自己，拿起牙膏，把牙膏挤在牙刷上。看着自己打开水龙头，看着自己仔细刷牙，看着自己从内往外刷，从左到右、从右到左、从上到下、从下到上仔细刷，看着自己刷干净每一个小角落，看着自己完成每一个小细节。

如果你坚持不懈地做下去，好处你自己自然会知道。一段时间后，你心中会升起一种定境。再继续下去，好处不用细说。我们都会刷牙，却没有关照心的能力；只要你的心陪伴着这些动作，刷牙就变成了禅修，这是简单的生活禅，这是直接的当下法。信不信由你，做不做也在你，这么容易的智慧哪里去找呢？

更衣室：通过清理衣柜看到贪念，了解自己

女人的衣柜就是女人的内心世界，因此女人可以通过清理衣柜，看到自己的各种贪念。把衣柜清理清楚，就是把你妄念纷飞、杂乱无章的思绪整理清晰了。

我做这个功课也持续十几年了，对我内心的成长帮助非常大。起初，也是一位老师要我做清理衣柜的功课，她说："你以后一定不会穿你现在的衣服，应该把衣柜里的衣服全部送人。"当时我有点舍不得。但是既然说了，我就认真面对开始做。

在清理中，我才发现因为对自己的不了解和贪念，而堆积了很多不适合自己的衣服。有些衣服放了几年也没穿过，不知不觉就把衣柜塞满了——因此，清理衣柜变成了我修行的重要功课。

我第一次大清理的时候，几乎把衣柜里的所有衣服都送光了。一段时间之后，我发现我的面相开始变好，变得非常平静。这就是"借境练心"的效果。

衣服代表你的心：找到自己的穿衣风格

女人的通病，就是衣柜里的衣服永远少一件，因此遇到需要的场合，就又去买衣服，穿了一次就再也不想穿了。

为什么会这样呢？其实是因为我们不清楚自己的身材和气质适合穿什么衣服，还有就是把穿衣服限制在穿名牌里。如果我们掉在这样的游戏里，那就苦了。如果我们每年都要赶流行，那你

的衣服就会面临过时的问题。

其实流行和牌子，只是商业世界的游戏，你如果踏进了这场游戏中，就会花掉很多时间和金钱。关键是即使这样，也不一定能找到真正适合你的衣服。

我就是通过慢慢清理衣柜，找到适合自己的穿衣风格，适合自己皮肤的颜色。后来，我也开始自己设计衣服，自己找布，找出适合自己的款式。从此，我再也没有不知该穿什么的烦恼。在一些服饰店里，我也开始能找到适合自己的衣服了。因为我远离了流行和牌子的游戏，因为我找到了自己穿衣的风格和信心，因为我知道我适合穿什么衣服：衣服其实代表一个人的内心。

不管到任何场合，我的衣服都带给我信心，它和我是合一的。这个和价钱跟牌子都没有关系，其实我从来不穿有牌子的衣服，因为那不是做给我穿的。我穿了很不舒服。我的衣服都是自己无意中发现的。

我记得很多年前，我在台湾参加一个宴会，女士们都穿得非常讲究。突然有位太太开始夸奖我的裙子，她说非常好看。接着她问我在哪里买的，我说是自己做的。她非常惊讶。其实那件裙子非常非常便宜，就只是一块布而已。但是，那是我喜欢的颜色，那时候我非常喜欢紫色。这条裙子我穿了很久很久，很多场合都适合，为什么？就是因为适合我的身材、气质、感觉，又很方便贴身。你的身体自然会散发出自然、舒服、自信的能量，看到的人一定也会感受到这样的感觉。

所以，我建议女性不要放弃自己内心的判断，要倾听自己内心的声音，感觉身体的舒服。内在的声音会告诉你，你适合穿什么样的衣服，不要被外面的流行和广告洗了脑。

静下来，感觉自己到底适合穿什么衣服，了解适合自己的颜色，根据你的肤色，挑出适合自己的颜色来。女人就像是一幅油画，想要知道穿什么衣服才会适合自己，你只要倾听自己内心的声音，画面自然就出来了，那就是最适合你的。

彩色衣服是热爱自然、渴望生命的表达

我去过印度和尼泊尔，那里的妇女每天都在劳动，但是她们平日都打扮得很漂亮，服饰的颜色都非常鲜艳。哪怕是街上讨饭的乞丐妇女，还是会戴上耳环和首饰，打扮得漂漂亮亮的，这是一种尊贵光明的生活态度。她们身上有尊重生命的观念和热爱大自然的心境。她们还不断用各种手工和女红创作出不可思议的作品。所以，穿各种彩色的衣服，是她们热爱自然，热爱生活，渴望生命的表达。彩色是人心情的表达。

四年前，我在美国闭关，我的护持者是这块圣山的主人。有一天，正好是美国国庆节。这小小的城镇里一片欢庆。那天是阳光明媚的大白天，我却穿了一件黑色的T恤。我的护持者马上说："不要穿黑色的衣服，要穿白色和亮色的衣服。亮色的能量会帮助提升你和大家的心情。"

当时，我感到很新奇。后来，我经过禅修的学习，慢慢了解和经验了很多关于能量、光和色彩的意义，以及人的情绪和颜色之间的交织关系。我也在自己的身上发现了这个道理，颜色里面

的确有很多的信息。

　　我记得自己很年轻的时候，大概二十岁出头的时候，非常不喜欢穿彩色的衣服。那时候我有点叛逆，喜欢穿黑色和灰色，不喜欢穿裙子，只穿牛仔裤，觉得那样很酷。我也从来不喜欢戴耳环和首饰，把自己穿得灰不溜秋的。其实那个时候，是对自己的人生不确定，对社会都充满了疑问，就借由穿着把自己内心的反叛表现了出来。

　　后来我开始修行，尤其是婚后开始学习禅修和创作心灵音乐，我就慢慢喜欢上穿手工衣服跟彩色服饰。表演的时候，我开始自己制作衣服，用各种彩色的布，往自己身上裹，把自己打扮得像个彩色的天女。人生愈来愈开心了。

　　直到我搬到美国，有段时间有机会重新上学，学习英文。学校离我家很近，我每天背着书包、骑着车路过一条宽宽的绿荫大道，心情就像孩童时候的自己，每次到这里，我就不由得歌唱，就像我童年时在山里放羊一样，无忧无虑好开心！那段时间，我特别喜欢穿粉红色的学生服，我的脸感觉也像是个小女孩，我先生每次看到我就说："小女孩回家了，今天作业多不多？"

　　所以，衣服也是随着心情和生活在变。我年轻的时候很难接受粉红色的衣服，可是现在我却很喜欢，感觉是很单纯的喜悦。可见我年轻时心情是多么的不快乐，可是现在的心情又是像孩子一样，所以实际年龄和心理年龄是没有关系的。你觉得愈活愈年轻，自然就愈来愈年轻了。

女人用彩色的服饰来装扮世界

颜色代表人的一种心情，因为颜色本身传达一种信息。颜色也代表一种能量。年轻的小女孩永远都喜欢粉红色，为什么？因为这个颜色反映了那个年龄段一种心态的能量场。性格非常强硬的女性，她全身的服饰和颜色一定是很男性化的，这反映她代表着一种阳性的能量场，这样的女性阴性的能量是被压抑的；女性阴性的能量被压抑，她就会失去平衡。这样的女性需要开发阴性的能量，这样她才会比较温柔、比较女性化，才会平衡健康。

通过穿艳丽和彩色的衣服，把自己快乐和光明的能量唤醒。

如果有些女性还是不习惯穿彩色的衣服，也可以在饰品上稍做变化：你可以围一条鲜艳的丝巾，你的心情马上就会不一样，身上的能量场马上感觉就变了。

梳妆台：从化妆训练当下的觉知，保持年轻

现代人都很忙，尤其是早晨的时间特别珍贵，急着要上班，急着要送小孩上学。但大多时候，化妆打扮都不可缺少。如果我们在每天重复的动作里面，加上对自己一点一滴的呵护和专注的小小训练，岂不是很完美吗？

从洗脸开始，请告诉自己不要急着赶时间，千万不要慌慌张张。因为时间不会因为着急而变慢，事情也不会因为你着急而变好，反而愈急愈出状况，造成更大的问题。

最严重的是，生活一直养成着急的习惯，会加速你的老化，脾气变坏，五脏六腑都受伤了。慢慢地，身体的内在系统整个会受到影响，一大堆连锁反应都会出现，身体就会生病。所以，千万不要小看每天早上对自己训练当下的觉知能力！

看着自己的眼睛，和自己的内心对话，认真用心为自己化妆，为自己打扮，告诉自己你是最美的，你多么爱自己！首先从爱自己去体会什么是爱。爱是在当下存在的美，爱的感觉其实不在外面，而在你内心里面，我们从来没有机会去开发和发现它。女人天生就带来爱和美的感觉。

想活在什么年龄，就停在那里不要出来

每个人都有一个真实的年龄，你知道这个秘密吗？

其实真实的年龄是自己可以创造的，因为你心里有个最喜欢的年龄，但是你却没有发现。

请你倾听自己内心的声音，你最向往的年龄是多少？你就一定要相信这个年龄，你开始真的活在这个年龄中，想这个年龄的事情，做这个年龄的事情。你只要这样开始，就会有变化，你心里的世界会慢慢变得真实，你的打扮也会跟着变，你的身体也会有一些变化。不要担心和怀疑自己的知觉，也不要为不了解的人讲述你的想法，只要你坚定相信自己的内心就够了。

慢慢地，你心里的岁数就会成真。

最好要忘了你现在的年龄。因为那也只是一个数字而已。

❀ 快乐化妆三分钟

洗脸梳妆的几分钟，

请把自己的心收回。
静静地看着自己几分钟，
默默地陪伴自己几分钟。
看着自己捧起清清的水，
看着自己轻轻地洗着脸。
看着自己完成每一个环节，
看着自己轻轻地抚摸皮肤。
给自己最美丽的装扮，
给自己最好能量的加持。
这是世上最强的心念力量，
这是世上最直接的能量输入。
绝不评判自己是否老不老，
绝不评判这样化妆好不好。
告诉自己变美丽，
告诉自己变漂亮。
告诉自己变年轻，
告诉自己变快乐。
相信就是最大的力量，
行动就是最快的到达。

卧室：觉睡得好，气脉才会畅通

我们想到舒服的卧室，也许会想到欧式的大床，上面摆满了柔软的枕头，像皇室一样豪华就是享受。

我搬过很多次家，因此住过很多样式的房子。我和宇廷搬到美国，住在洛杉矶。宇廷为我准备了一套非常大的西班牙式别墅，家里很宽敞，院子也非常地大，还附设网球场。房东好心地把原来的家具全部换成了欧洲的高档家具。我第一次住这么大这么豪华的房子。

其实我和先生过了这么多年的清教徒修行生活，已经不习惯、也不喜欢那样的布置，我们要的也不是那样的享受了。但是为了领房东的情，只好接受。

我们的床是豪华的大床，我睡了一段时间，却感到非常不舒服。床太高，而且太软了，睡了之后全身很累，腰也痛。一段时间后，我和先生感觉实在不舒服，正好地上也铺了高级地毯，我们就找了一个角落，把床单铺在地上，这才睡得踏实。

床是卧室的能量点

由此可知，要睡得舒服，床是很重要的。首先，要找到床的能量磁场。我虽然不是风水师，但对严重的忌讳还是很慎重。

一般来说，床头不要对准窗口、门口，也不要对到尖的东西，还有绝对不要睡到房的大梁下。现在一般都是钢筋结构，屋顶是平的倒还好，有些木头房子或别墅还是会露出屋顶大梁。

好比我和先生在美国的第二个家，就出现这样的情况。我非常喜欢那栋房子，那是一位法国富商的住房，是花园式的大别墅。内装全都是富商的太太亲自装潢的，很有品位，可见法国人很会享受生活。但是法国人不懂风水，主卧的床正好摆在屋顶大梁下面，我们住得很不舒服。虽然屋顶装潢的是蓝天白云，但是看到睡到大梁底下，心情就很压抑。最后，我们还是请了工人重新做了天花板，从此就很舒服。

硬床垫对气脉畅通有利

现代人为了享受，床垫都比较软。其实从健康的角度而言，是不合理的。太软的床垫睡下去，身体会歪，不利于身体气脉的畅通，所以起床以后会腰痛，时间久了全身的健康都会受到影响。

其实古人睡的木板硬床垫，对身体健康非常有好处。晚上人睡着了，全身都是松弛的，对气脉的畅通也非常有帮助。

❀ 女人每日十小觉

起床

刚醒来，轻轻睁开自己的眼睛，

感觉自己是个初生的婴儿，

捏住拳头全身深深地伸个大懒腰，

提醒自己马上要清新的觉醒，

清楚看着自己完成下床和穿衣。

洗澡

赤裸进浴池，

甘露冲全身，

渗透内脉络，

洗净全身业。

化妆

看着镜子里面的自己，

告诉自己是个最美丽的天使。
放松专注在当下，
指尖轻轻碰触脸上的每处。
呵护每个细胞要开心，
轻轻地淡淡画点颜色在脸上。
微笑和喜悦是最好的化妆品！

穿衣

敞开开心快乐的心情，
穿起彩色亮丽的衣服，
点缀热情温暖的自己，
装扮五彩缤纷的世界。

早餐

简单营养就可以，
稀饭鸡蛋和面包，
不要急忙不要赶，
觉知当下的香味。

上班

千头万绪的工作日程表，
千万别当个压力背身上。
只要轻松自在不恐惧，
只要保持觉知在当下，
无绪的念头自有回归的路，
念头连成点再结成个面。
每日工作答案在当下，

世间万物智慧在当下，
只有当下才生空，
只有空中才生有。

下班

快乐轻松下班早回家，
烦恼压力不要带回家。
放松自在带回家，
享受当下带回家。

晚餐

清淡少量为晚餐，
多汤少吃为晚餐，
晚上多饮红枣茶，
帮助腹部和睡眠。

电视

少看电视为上策，
少看打杀为上策，
少看情愁为上策，
少看广告为上策，
少看色情为上策。

睡觉

床垫不要太软绵，
会对身体有伤害。
气脉弯曲不通达，
睡醒还比不睡累。

减少杂念收回心，
检查一天的行为，
不好的行为说道歉，
良好的行为说感恩。
宁静的心放在心里面，
默默地告诉自己要安睡，
满足的意念不要有疑虑，
放松的身体全部要摊开。

第四章
央金六法之三
认清自心：运用烦恼修行

烦恼情绪本虚幻，
如同水中月一般。
喜怒哀乐虚无实，
犹如自心的游戏。
生死无常何其短，
如梦一般刹那醒。

认清自心：运用情绪和烦恼修行

自心不在头脑里，它像一面躲在头脑后的寂静的镜子。头脑中的念头，就像站在镜子前形形色色的人物，只是如实照出镜子前的人。它不会因为经过的是美女而多照一点，因为是丑女而少照一点。

想要认清自心，你得了解自心不在过去里，也不在未来里，它在当下的觉知状态里。情绪和烦恼，是帮助我们认清自心的强大工具。佛法讲的"烦恼即菩提"，就是这个意思。如果我们用头脑来处理愤怒，就会被小小的自我蒙骗，会在我对他错的关系里迷失，愈陷愈深。自古人类多少无可挽回的悲剧，也是从这里开始的。

有一个神奇的智慧方法，就是保持觉性，往"内观"。情绪和烦恼一升起，马上停止用头脑，静下来禅修向内看。与自性连接的过程，是经验回归海洋般能量之海的觉醒之旅。

有了这种经验后，你才会知道情绪和烦恼，只不过是自心能量的起伏，你才有能力与外面建立更和谐的关系。你再也不会想用头脑去改变别人，而会自然用自己的行为影响他人。这种影响力是自然而不费力的，因为你自然变成了和平，变成了爱本身。这种温暖和爱是从你的本源里流出来的。

利用情绪和烦恼的能量，我们可以让自己超越头脑，超越意识，到达生命的源头。

❀ 天空一般的自心

晴朗的天空中才能认清自心，
因为自心就像是天空一般。
烦恼的背后才会认清自心，
因为自心就躲在烦恼的背后。
忧伤的时候才会认清自心，
因为自心就藏在忧伤的里面。
贪婪的时刻才能认清自心，
因为自心隐藏在贪婪的背后。
开心的背后才会认清自心，
因为自心就在开心里面。

不生气就是女人保持年轻的秘法

别让自己掉进伤感的能量

过去，我是一个非常多愁善感的女人，总是觉得世界上没有人能懂我，心里又非常敏感，很容易受伤。后来通过真实的修行，慢慢从这种糊涂的自我世界里面走出来，今天的我即使是一无所有，也可以做一个自在的快乐女人！

我的童年是在自然的山里唱着歌长大的。但是到了高中时期，突然进入一段非常忧郁的时光。喜欢看悲情的小说、电影，用悲观的角度思考周遭的世界，眼里看到的都是忧伤，感觉我心里和四周的世界不同。每天的心情就像阴天一样，即使有明媚的阳光，也感觉不到灿烂，若是阴天下雨，心情更是糟透了。

主要原因是我看到许多社会现象，非常悲观，觉得自己好像跟这个现实的社会没有关系。我喜欢躲在自己的忧伤世界里面，也不清楚到底在忧伤什么，处在一种说不清、道不明的状态里。

还记得，我在中专师范毕业的典礼上，收到校长的礼物，他平时是个非常严肃的人。他送给我一本很精致的笔记本，上面有句赠言："别让忧伤占据掉你的时间！"当我看到这个简单而有力量的语言，并不知道自己很忧伤。我当时还想："我忧伤吗？我是在让忧伤浪费我的时间吗？"我不清楚。

到今天我才知道，那时候我是很忧伤，对自己的内心和外面的世界都搞不清楚，又处在一个特殊的年纪，真的是太可惜，浪费那么多时间在忧伤上，好不值得。后来我才开始知道要珍惜生命，因为无明才会烦恼，因为无明才会忧伤。忧伤只是我们内心的无明创造出来的情景，虚幻不实，人生应该创造快乐。

忧伤会加速老化

女人喜欢活在伤感里面，因为女人很容易感动，也很容易掉在情境里。这是女人的优点，也是女人致命的弱点。女人有很大的爱，就像大地一样养育的爱，女人可以生下很多孩子，心甘情愿把自己的一生都花在照顾家庭和养育孩子上。但是，女人若不学会认识和管理感情，对自己会有很大的伤害。忧伤也会使你变老和生病，更谈不上觉醒和解脱了。其实一切都是自己心里的决定。

女人千万不要忘了忧伤最容易让自己变老，所以，如果忧伤的感觉起来了，要马上提醒自己，停止创造忧伤，忧伤是虚幻不实的。静静坐下来，保持在当下，不要跟随头脑创造的忧伤故事跑。

如果还是使不上力，你可以找个喜悦的音乐，马上跳舞，这样很快就能把自己带出来。不要活在自己编造的、让自己忧伤烦恼的内心世界里面。

然而，女人最可怕的就是喜欢陷在忧伤和烦恼里不出来，还很享受这种没完没了的烦恼。但是我们要知道，烦恼和忧伤都是让我们无法觉醒的魔鬼。

所以，要赶走自己心里忧伤烦恼的魔鬼。我们要和快乐相应，其实很简单，就是给自己下个指令，告诉自己的心，马上快乐起来就好了。

只要内心坚决，忧伤一定会走开。如果没有用，你也可以借助快乐的音乐，跳快乐的舞蹈，就会转换身体的能量。最好在大自然里面舞蹈。在阳光下、草地上，都有很好的能量，一段时间就转化过来了。忧伤只是一种能量而已。

生气是女人保持青春最大的敌人

女人烦恼的时候，喜欢生闷气；男人烦恼的时候，喜欢往外发泄。这也许是身体的结构问题。因为女人天生是接纳的，她们的承受能力相比男人要强。所以，自古都说男人是钢，女人是水。钢虽然强硬，但是容易折断，而水滴虽然纤弱，却有滴水穿石的能力。

然而接收久了，就变成压抑和堆积的能量了，能量不流动就会变成情绪，变成固化的记忆，就存在肉体细胞的记忆里。在我们与对方撞击和矛盾的时候就会跑出来，严重一点的，就变成愤怒了。愤怒情绪是一种强大的能量，利用这种强大的愤怒能量来修行，是提升生命和证悟的好机会。

不过，愤怒是可以化解的。你可以通过身体的动和舞蹈，快速打开身体里堵塞的能量，能量就会流动起来。就是这么简单而智慧的小方法。

那么，为什么我们女人喜欢生气呢？除了身体结构不同于男性，另一个原因是女人的思维是感性的，总因情而生恨。女人的思维是没有逻辑的，感性思维会连着一幕一幕画面，而男人是逻辑的、条理的，不太会因为情而影响思维，造成情绪的混乱。

女人生气时，会在心里创造情境，像电视连续剧一般停不下来，还有很多的故事情节。对自己的丈夫生气的时候，还会怀疑他是否真的爱我？如果他爱我，他为什么不懂我，对我这样？还会把过去的很多事情都联想在一起，开始创编，搞得男人摸不清头脑，到底她在生什么气？如果他不懂，你更生气，觉得他真的这么不懂我，还是在装傻呢？这就是女人，所以佛陀说女人很难修行，主要就是放不下。女人的情很重，所以女人需要了解女人的特质，才可以提升和改变自己。

总之，生气是女人保持青春最大的敌人，生气会让女人变老。即便你买了昂贵的化妆品，或者是美了容、拉了皮，只要你喜欢生气，那就毁了，都没有用。

如果你不相信，你可以做实验。在你生气的时候，请照照镜子，还有在你开心的时候，也照照镜子。同一段时间，却有天差地远的不同。生气的时候，你最少老了十岁到二十岁。所以女人若要青春常驻，就练习不要生气，不要忧伤，每天练习让自己开心快乐的年轻秘法。

不要跟随烦恼跑，要倾听烦恼背后的故事

烦恼通常会具体呈现为两种形式：一种是因为别人或外境而产生的，第二种是自己内心产生无明的烦恼。这两种其实本质上都是一样的，烦恼是一种能量。我们要利用烦恼的能量修行。

不要跟着烦恼的能量继续往下走，更不要去创造心里的剧本，而是利用这股能量穿越烦恼本身，心在当下与烦恼简单地在一起，不要被带到烦恼编造的头脑故事里面，而只是做一个静静倾听烦恼的朋友。这样，你就会了知烦恼背后的故事，烦恼就不会把你吞掉。

过去，我们永远做烦恼和愤怒的奴隶，我们在烦恼的面前被打垮了，我们自己也就变成了烦恼的魔鬼。当你生气和愤怒时，请你看看镜子里面的自己，你会看到完全不同的另外一个人。这就是烦恼的魔鬼，这个魔鬼不是你的先生或你的同事在找麻烦，而是你的心里就有这个烦恼的种子。任何一个外境，都会把你这颗种子挖出来。所以，只有自己除掉烦恼的根，烦恼的魔鬼就再也不会打扰我们。

驱除烦恼三法则

第一，不要让烦恼利用。当烦恼升起，不管是愤怒、忧伤、嫉妒等情绪，有一个很简单的方法能解决。举例来说，如果你感觉自己又开始忧伤了，在你还没有被它包围之前，请你马上开始警告自己：我不要忧伤，请忧伤马上离开，我是快乐的天使！我就是光明！

第二，只要看见烦恼就好。请你找个安静的地方，坐下来，静静看着烦恼。不要分析它，也不要跟随它。比如说因为某某原因，所以，我才会变成这样。所有这些头脑里面出来的理由，都是自己的小我在利用你和控制你，所以，请你千万要小心，不要跟随头脑的故事走。你只是做一件事情，放松自己，让烦恼呈现，你看着它就够了。

第三，成为烦恼本身。当你有看到烦恼的能力之后，与烦恼兼容，成为烦恼本身，你才有机会经验到烦恼后面的故事，也就自然化掉了烦恼，疗愈了自己。

❀ 为当下活着

如果我们烦恼，那一刻我们就变成了烦恼。

如果我们愤怒，那一刻我们就变成了愤怒。

如果我们忧伤，那一刻我们就变成了忧伤。

如果我们贪婪，那一刻我们就变成了贪婪。

如果我们嫉妒，那一刻我们就变成了嫉妒。

如果我们快乐，那一刻我们就变成了快乐。

如果我们喜悦，那一刻我们就变成了喜悦。

如果我们宽容，那一刻我们就变成了宽容。

如果我们平静，那一刻我们就变成了平静。

如果我们满足，那一刻我们就变成了满足。

如果我们感恩，那一刻我们就变成了感恩。

生命就是由无限多的时间片断组成。

我们除了当下的存在以外，一切都是妄念。

我们要活在这个真实的当下时刻中，

删除过去，向未来开放，

觉知当下这一刻。

这非常简单，但也不容易做到。

因为我们习惯活在头脑里，
我们被后天教育的模式卡死了，
也变成了自己的习性。

从愤怒中发现不动的自己

有一次先生让我发了很大的脾气，几乎是怒火冲天。但是，我突然经验到在那个愤怒后面，还有一个不动的自己：一个不动的自己凌空看着愤怒的自己。那是一个非常强大而奇怪的经验，不动的自己看到被愤怒包围的自己的全部过程。

不动的自己看着怒火慢慢从心里升起，之后慢慢流遍全身，浑身被烧伤的感觉。这种烧伤的感觉在全身维持了很久，才慢慢退去。那次我才感到这样的怒火一次会烧死身上多少细胞，太可怕了。之后我对先生的感觉，从讨厌变成了感恩。因为是他让我有机会经验到这个不动的自己，这是多么珍贵难得的修行经验。

对方是自己的镜子：不跟随念头，不处理对方的情绪

平时我都没有注意到，慢慢通过内观才发现，先生其实是来帮助我修行的。他现在也扮演了我的镜子的角色。我若看他不顺眼，就知道我心里还有不顺眼的种子，马上会提醒自己。

对别人的任何情绪都是自己内心的投射。夫妻是最好的修行工具，因为你在先生面前是开放的，没有任何包装，你也会把自己的执着放在对方身上。因此，这面镜子是照见自心最好的工具。

当夫妻之间发生分歧和矛盾的时候，首先不要追赶自己的念

头，只是发现它、看着它就够了。你不需要对看到的念头做任何处理，就这样保持在当下的觉知就够了。如果你分析念头，处理自己的念头，你就离开了当下。

接着，也不要急着去处理对方的情绪。如果去处理对方的情绪，等于走上一条纠缠的道路，这时你会迷失在你和对方的关系里面，落入不是我对就是你错的角度，很难跳出局面来看事情。其实讲理的地方是没有理的，那是头脑的介入，不会解决根本，所以不要去讲理。重要的是用安静的心去经验，只是看到就够了，就保持在当下。慢慢地，清晰的空间会出现，这样的空间刹那间会让你明白眼前的一切，这就是你的自心。

❀ 做自己的主人

你快乐的时候，感召的就是快乐的外境。

你忧伤的时候，感召的就是忧伤的外境。

我们要给自己快乐的指令，不要被烦恼的魔鬼带跑。

烦恼来了就直接告诉烦恼，请它马上走开！

只要你相信，这个"咒语"一定会管用。

千万不要掉在烦恼的游戏里分析，

千万不要掉在烦恼的妄念里思维。

没有过去的留恋和攀缘，

也没有对未来的期盼和恐惧。

只要安住于当下的存在。

就是你证悟空性的机会。

另一个大觉醒：愤怒和觉醒的能量本质相同

我还有一个在愤怒中觉醒的强大经验。大约三年前，有天我先生的情绪非常不好，主要是他的事业面临很大的不确定和压力。他总是在做一些开创性、革命性的公益尝试，所以经常面对很大的挑战。

也许面对太多失败了，那天他把内心的愤怒全都曝光了。我在佛堂打坐，他也走进了佛堂，心里充满了愤怒。

置身于他这种情绪之下，我也被愤怒包围了。他走出佛堂后，我还是静静地坐在佛堂里。我这次的经验是，强大的愤怒经过全身，又像火一般冲上头，穿越了我的身体，突然又把我带入一片海洋，而一个清新明亮的我，却坐在平静的能量大海之上。我第一次经验到，原来愤怒只是一股强大的能量而已！

当时愤怒就像大草原上的一头疯牛，起不了什么作用。我坐在安静的海洋之上，愈来愈清醒，愈来愈清明，回归到一种纯然的觉性状态里。这个觉醒的自己又和能量之海连为一体，原来愤怒和觉醒的能量本质是一样的。

愤怒的能量化为觉醒的甘露：体会婚姻中的约定

这时候，我突然听到一个声音："放下过去，不留任何痕迹，向未来开放，处在当下。"

之后我在很长的一段时间里，都处在这样的空性当中。

我第一次战胜了自己的愤怒。多少年来，愤怒打败我，我被淹没在愤怒中，我恨自己的愤怒，我讨厌自己的愤怒，我怕自己的愤怒。今天，我不但战胜了自己的愤怒，而且骑在愤怒这头疯牛之上。这头疯牛归入海洋，愤怒变成了我的老师。

愤怒教导了我智慧，教导了我真相，是愤怒让我觉醒了。

接着，我进入感恩里，想到了我先生，是他创造了这样的情境，让我醒来。他无数次无意地创造了这样的情境，就是为了让我醒来。这难道不是我们的约定吗？我第一次升起对他的感恩之心。原来这就是我们这生的约定。我来人间修行，约定他来给我很多的考题，他在帮助我完成考试。

在这么大觉醒的状态之下，我经验到了我们之间的约定。过去我对自己婚姻的所有迷惑，此刻便清晰起来。

我走进了先生的房间，他已经被愤怒的能量打败了，完全乱了，还无法从这能量里出来，完全被负面能量包围着。我没有讲话，只是用自己的双手拉起他的双手，感觉当时自己在一个无念而温暖的能量里面，我的温暖可以融化掉他的所有冰冷。当我拉着他的手面对面坐下来时，他马上平静下来了，接着我们就静静地，没有讲话继续禅修，一股强大而安静的能量穿越我们，我们进入非常深的、超越负面能量的平静旅程中。我们的能量合一，穿越了对错好坏的境界，进入当下的空性中。

在短短的一段时间里，我体会到很多不同层次的情绪世界，无论是认知的外境或自己感受到的内境，都是心的化现，是虚幻不实的！

从那次之后，我俩的人生修行旅行进入另一个阶段，我们都经验到某种情绪包围下，唯有往内观，从内心平静下来，才能找到最终的答案，而温暖的能量是疗愈痛苦最好的良药。这一切，都胜过头脑和语言。

婚姻是一种人间的学习：先生变成我的心灵伴侣

女性的一生，多半是在婚姻生活里度过的。不管你和先生的个性和还是不和，都需要在一起过日子。

我和宇廷结婚的缘起，虽然是为了彼此修行，但是，毕竟我们的成长环境和教育背景大不相同，简直是两个世界的人放在一起，因此，经历了很多的挑战和磨合。

我把自己的时间都花在了修行上，比如外出录音，或者去山里闭关。只要是为了修行，他心里虽不愿意，还是会支持。

他总会说："为了你的修行成就，我愿意做出牺牲。"有一位支持我修行的先生，我很感动。他出过家，读的佛经又比我多，对经教和知见非常通达。他对我在修行中建立知见，了解经教帮助很大，可以说是我的知见老师。

我们还没开始恋爱就结婚了，个性又都很强，开始其实很辛苦。除了通过两人越来越深的爱情，彼此体贴和谅解，最重要的是两人都通过禅修，逐渐对自心以及自己的习性和情绪，有越来越深的认识，突破了各自性格中的缺陷、烦恼，甚至是愤怒。他一直在我身边扮演一个陪伴我、欣赏我、尊重我的人。

我先生是一个永远想为了人类做些大事的人，他一直在尝试着做改变人类的事情，对生活的小事没有兴趣。所以，当他的太太变得非常辛苦。我们在这种挑战和辛苦里，学习到了很多更加深刻的东西。

我们一旦有争吵，便知道这个烦恼和愤怒只是一个能量而已，不会迷失在双方的情绪和故事里，会给彼此时间和空间，等把火熄灭之后再聊一聊。我们时常也觉得太幸运了，多少夫妻不知道这个方法，造成误解，甚至走向离婚的道路。

今天回头看，要不是我们俩是这种修行的缘分，一般夫妻可能早已分手了。但是，如今我俩突破了很多世俗的障碍，消除自我和悟到烦恼的本质，我们现在变成了最和睦的夫妻、最好的伴侣、最信任的搭档。

突破更大的烦恼：体验死别，了解生命无死

怎么也没有想到，我的姐姐会这么早离开我。她的离开对我的打击非常大，也让我对生命无常有了深刻体会，对生命无死有了真实了解。

姐姐在我的生命中一直扮演妈妈的角色，一直关心我，照顾我。她一直是支持和帮助奇正藏药的大后盾，她和姐夫为了公司，分隔两地，过了十六年牛郎织女的生活。到了2011年春节，姐姐想提前退休回西藏，跟姐夫团聚。

好日子还没开始，姐姐却在一次准备去公演的途中，突然胃穿孔紧急住院，之后再也没有起来。我心爱的姐姐拉姆被诊断为胃癌晚期，医院宣告没救了，最多只能再活一个月。

为了让姐姐在能量好的地方静养，我决定把她接到我家，希望她能康复；即使无法康复，我也希望她走得好一点。姐姐知道自己得了癌症后，非常镇静，她没有吓倒，在家人和上师的面前说："过去我没有好好珍惜自己，也不相信自己会生病。没想到，无常这么快就来了。但我不害怕，什么都能放下，我把身口意都交给上师，希望给我一个闭关的机会。"

所以她什么人都不见，只有家人在身边照顾她。她利用短短四个月开始修行，经历了不可思议的苦行，她的心境一直非常平静，

癌症从来没有疼痛。虽然她的修行一天比一天好，身体却一天比一天瘦弱，最后一个月几乎在禅定中，不见人也不讲话，整天一直静静坐着……到了十一月五号傍晚，她打手势让我妹妹请我和云登仁波切到她床边，然后她就走了。很安详，没有任何痛苦。

这五个多月当中，起初我怎么也不能接受姐姐得了胃癌。然而，我又知道这是事实。当时我全身都是力量，只有一个心念，只要我能办到，我会尽生命中的所有力量和爱救回姐姐。我没有时间难过，每天都在为姐姐奋斗，在死神面前抢时间。我们汇聚天上和地上所有的力量，各大寺院每天都在为姐姐祈祷诵经，各种名医都为姐姐献医。但是生命还是得分离，这打击对我来说还是太痛苦和残忍了！有一阵子，我对自己的修行和高僧大德都失去了信心，认为修行再好，也救不了姐姐。

往生征兆：了解生命无死的实相

姐姐拉姆真的离我们远去了。之后的七七四十九天中，我们遵照姐姐的遗言，把她的骨灰送到了西藏林芝的比日神山（西藏林芝地区重要的神山之一，是吐蕃第一代藏王降生处）。仁波切在圣山上说："若要回家，这里是最好的地方。"天空湛蓝无云，犹如在圆满的空性中，我们每个来山上的人都得到无限的宁静……

之后，云登仁波切带我们到比日神山埋姐姐的擦擦（一般指土制的小佛像。在这里指混合了骨灰的小佛像），做一七法会的时候，我的侄子尕藏无意中拍到晴空无云里出现神奇的夜空星星，显现了七彩发光宇宙生命合一的状态……我的侄女塔姆也用手机拍到了宇宙光体，生命觉醒能量的红白明点，像莲花一般。生命最后都会回归宇宙合一的状态……

经历了姐姐死亡离别的功课之后，我了解到在生命的实相里，是没有死亡分离的。虽然现在我还是非常想念姐姐，却不会有歇斯底里、断肠的苦了。我知道在轮回中，我们会再相遇，在某种禅修情境中，我们会再相见，就像在梦中相遇般真实。

此后，我对生命的认识又不同了，许多放不下的也能够放下了，对生命看得更淡，更能利用和珍惜有限的生命好好修行。

❀ 断掉五种烦恼注的口诀

贪婪的情欲像海水一般淹没了我，

此刻最好的口诀就是：一切有为法，如梦幻泡影。

嗔恨的火焰像烈火一般烧遍我的全身，

此刻最好的口诀就是：一切拙火焰，烧掉我嗔恨的根。

愚痴的沉重像注铅一般灌入我的全身，

此刻最好的口诀就是：一切智慧化成光，融入我的顶轮。

傲慢的高崖像大山一样压住我的全心，

此刻最好的口诀就是：一切高傲是障碍，愿开启谦卑之门。

怀疑的小鬼像铁门一般关起我的开放之门，

此刻最好的口诀是：一切都是我的恐惧所显，愿得到无惧的加持。

第五章
央金六法之四
回归自性：与自心相应

显相自生的觉醒，
离戏无生的自心。
浪入海洋的浩瀚，
清明如月的明心。
当下自然的空性，
自心本性的奇妙。

回归自性：就是与自心相应

相应就是合一。回归自性，就是和自心合一。

自心是鲜活的，充满了能量。

回归自性，就是你连到生命的源头自性，就是本然清静的自心。回到你自己真正的家。这个经验就像露珠通过荷叶进入湖泊、流入大海，你会变成海洋本身。

当你和自心相应，一个你以前不了解的世界会逐渐呈现出来，会有很多禅修觉受，经验到很多境界。

但是，你一定要记得，不管你在禅修中看到什么、听到什么、觉受到什么，不管是佛菩萨来加持、神来指引、魔鬼来干扰，不管你看到多美丽的世界、多奇妙的外星球、多可怕的地狱，这些都只是你自心本体的化现，千万千万不能执着！

开始的时候，你会很感动，或觉得好玩和有趣，但一定要知道，这些只是自心的显现，如果升起了执着，觉得自己修成了，很了不起了，就会走上危险的歧路。

回归其实就在当下，如果失去了当下的觉知，我们就远离了自心。我们心里幻想很多，追求心灵的纯净，却又给她很多物质的包装；想象出很多心灵的道路，却不知又是一条心灵的物质道路；用了非常多彩色而美丽的名词定义非常多奇妙的幻想画面。真正回归是没有幻想的当下，是没有期望的当下，是没有希求的当下，是没有思维过去、期望未来，是当下这一刻保持觉知的心。

真正的回归自性，是很平常而无奇的。世界的千奇万象，其实只不过是自心的显现。不论任何外境生起，真的就是自心本体的显现，就像明镜能反映出一切外境一般。

音乐和舞蹈是让我与自性相遇的桥梁

2003年，我在北京家中佛堂，通过自性舞蹈和禅修，经验到自性。某一天下午，我修完妙音天女的法之后，开始禅修。一段时间后，我突然进入一个明镜般有水的世界里。我清楚地带着觉性、睁开眼睛时，也在那样的境界状态里。

这时候，我突然听到一个旋律在空中缭绕，说是妙音天女的音乐。当时，我非常感动，自然就唱出了一首《妙音天女的眼泪》。

此后，我得到妙音天女的加持，整个人的灵性被开启，拥有了听到空中音乐的能力，随时能在自性中唱出灵性音乐，经验到"真空生妙有"的感觉。

随着多年的修持，音乐、舞蹈和写作愈来愈在自性中流露出来。音乐和舞蹈一直带领着我的灵性，要用就有。音乐和舞蹈是让我与自性相遇的桥梁。

体会到本性明光的自性

2005年春节期间，我公公说："央金，春节是一年的开始，我们全家去闭关是非常殊胜吉祥的。"于是我和公婆、宇廷，都去参加了竹清仁波切的七天闭关。

竹清仁波切的闭关和皈依，得先背诵一千遍《佛子行三十七诵》才可以参加。竹清仁波切是藏传佛法白教中，四大禅师中硕果仅存的一位，被喻为现代的密勒日巴（西藏即身成佛的大修行者），时常现场作道歌（关于修行解脱的诗词），以唱诵的方法回答学生的问题。他的著作很多，其中《空，大自在的微笑》是藏传佛教弟子必读的书。

他每天教授密勒日巴的道歌。在那次闭关期间，我第一次经验到全身的气脉开始抖动到控制不住。有一次强烈到昏厥过去，昏厥之后就像一股海潮冲破了头顶一般，当海潮平静之后，身体非常舒服。

连续几天，仁波切都在台上带领修持"玛吉拉尊的施身法"。（玛吉拉尊是西藏最著名的女修行成就者之一。她所传的"施身法"要在坟场中独自修炼，是断除我执和五毒的特别法门，为西藏各教派所推崇。）我感受到仁波切的能量非常强大。他最后一天带着大家唱诵"玛吉拉尊的施身法"时，全场一起摇着手鼓。当时仁波切的加持力和能量磁场突然变得极为强大，我的头顶就像直接被掀开了一般，能量直接通过头部灌到我的全身，似乎被通了电一样。

那天结束回家之后，我的头突然开始疼痛，愈来愈严重，而后演变为剧烈的疼痛。我也不知道该怎么办，只好祈请竹清仁波切的加持。我非常专注地祈请，突然进入一片明光的世界里，透明发亮，我自己也是明亮的，还带着觉性。在那个状态中，没有任何念头，头也完全不痛了。我觉得奇怪，我的头真的不痛了吗？当这样的念头生起之后，我突然从那个明光的状态里出来了。一出来，立刻感觉头在更剧烈的疼痛。这次是由于仁波切的加持力，让我第一次经验到"本性明光的自心"。之后，密勒日巴大师的道歌一直带领和伴随着我的修行。

自心圆满，呼吸一般的爱

有天早上我从佛堂起来，因为前一天头痛了一整天，我几乎什么也不能做，以往禅修好的境界都不见了，整天都在昏沉的状态中。这会儿头痛的感觉仍然存在，我在佛堂坐下来，开始停止任何对自己身体的努力。接着我被头的疼痛感带走了，我跟随着，没有任何抗拒和控制，我变成了身体疼痛的能量。

突然，另一件事情在我身上发生了：一种新的能量在我疼痛的能量背后生出来，一种强烈的狂喜，强烈到自己快要爆炸了。这种能量大到几乎和宇宙一样大，这种能量在蓝天下，像花展开一般，与树、与空气、与大地在一起，这种生命的状态，就是瞬间存在，也充满着感恩。我突然感觉到，我从来到地球在自己身上所做的所有努力，在此刻这种博大的生命里，显得毫无意义。

那一刻我更加明白，为什么一个闭关者，一生都能在山洞里度过，为什么那些悟道的圣者，一生都活在快乐的给予和服务中。我再次体验到自己是多么圆满富足，没有什么需要去弥补、没有什么需要强求、没有什么非要去完成。地球是如此圆满，周围的一切是如此圆满。地球养育了我四十年，我感恩地球给予我每一次的呼吸，当我有一天离开地球，会带着这呼吸一般的爱。我现在活在地球上的意义，就是与大家分享呼吸一般的爱。

在禅寺通过扫地扫了心地

2004年我刚到台湾，开始创作心灵音乐。在开始创作之前，需要先闭关清静一段时间，才能接收到自心音乐。那时候，我对去寺院里住也充满了向往。我先生只好答应我，还帮我找了一间有女住持的寺院。这间寺院在一座美丽的大山里，四周全是绿山，非常安静，人又很少。我先生开车送我上山，我很兴奋，心里想终于逃离城市了。

到了之后，我们去见住持，正好是中午，师父在食堂，她看到我就说："来，来，快扫地。"我没有听懂她的意思。之后师父让我当场大声唱歌。我唱了，师父很喜欢。她分了一个山头给我，让我一个人住，也要我每天清晨负责清扫那个山头庙前所有的树叶。我非常勇敢地答应了。

到了那里，我才发现，这个山头不是普通的大，是整座寺庙的半个山头。那时已经到了秋天，山上每天都堆满了树叶，不是短时间可以扫完的。但是我既然答应了师父，一定得做到才行呀。

我先生还问我："这么大的山，你一个人住可以吗？"我说："没问题，你下山吧。"他安顿好我之后，就下山了。到了晚上，整座山上黑漆漆的，安静得出奇。要不是我从小有在黑暗中找羊的锻炼，我真会害怕死。

我不怕黑，胆子又很大。但是，这山上有蛇，所以师父说："晚上不要出门，小心被蛇咬。"我很怕蛇，天黑以后就乖乖待在屋内。

我每天清晨五点起来，六点开始清扫树叶。把全部的树叶扫完，刚好到了中午。我每天都尽量扫干净，扫了三四天之后，心里开始升起烦恼：我不是来闭关创作音乐的吗？每天这样把时间花在扫树叶上面，不是在浪费时间吗？

我开始焦虑，心情不太好了。我去吃饭看到师父，她不但没有看出我的烦恼，又说："树叶扫完之后，再清理观音殿，还有要每天在佛菩萨前献供。"（每天在佛前供"水、花、香、灯、涂、果、乐"等八供。）我心想："这些活我已经做太多了，又加活。完了，这次我是没办法闭关了，我的音乐创作不出来了。"我心里开始抱怨："难道师父忘了，我是为了创作音乐才来的吗？"我心里不情愿，觉得跑这么远来浪费时间，不过还是坚持按照师父的要求去做。

突然有一天，我在扫树叶的时候，温暖的晨光照在我身上，我听到各种鸟在歌唱，闻到空气中的香味。我心里一片宁静，突然停下来，开始欣赏周围的树木。

天哪，简直就是一幅美丽神奇的油画！因为是初秋，树木和树叶呈现出各种颜色，早晨的阳光穿透彩色的树叶照射到大地，树林里面各种鸟的声音，简直就是一首和谐的大自然交响乐，空气中飘满清香的新鲜气味。同样的天、同样的地、同样的时间、同样的景色，但是因为我不同的心境，体会到完全不同的世界！

我突然感觉到自己好像回到了童年。原来师父让我扫地，是让我扫心地。这个新发现，让我异常兴奋。我高兴地唱着歌扫树叶。每天在自然中，愈扫愈开心，还想每天这样在山上扫树叶多好。我再次碰到师父，她又交代："树叶扫完了，现在你就负责每天照顾观音殿，下午在殿里读经、唱歌给观音听。"我心想，师父难道知道了我的心境？

后来，我更不敢反抗师父的安排了，我想她一定有什么用意。我每天早早起床，开始清理观音殿。观音殿非常漂亮，四周是落地的玻璃。我给观音献供。突然有一天，我在观音面前进入一种梦幻般的记忆感觉中，冒出母亲对我的慈悲和安详，想起母亲每天虔诚念诵观音菩萨的祈请文，突然，一首童谣般的《观自在》从我心中流出来。从此，我创作的音乐像水一般涌出，我第一张专辑中有很多深受听众喜爱的歌曲，像《观自在》《涅槃心经》《玛吉阿米》等，都是花一个下午或晚上在观音殿里一次性创作加录音的。

在美国圣山里闭关

汉娜是一位慈善家和心灵修行大师，近代西藏伟大的上师大部分她都拜见过，而且都去过她的心灵修行城。她三十多岁就开始护持十六世噶玛巴法王，是他最亲近的护法之一，法王也经常住在她家里。她一生曾向很多伟大的证悟者学习。

汉娜在法教上给我很多帮助，在我修行的道路上给了我很多支持。她护持和照顾我闭关多次。我和她生活在一起的时候，才慢慢了解了她的修行，她其实是一个隐匿的证悟者。

我就是在汉娜的协助下，在2008年来到科罗拉多的克里斯顿（Crestone）闭关。到了那儿，我感觉好像回到了自己的家乡。那里的山、那里的树、那里的花草全部都和我家乡的一模一样。我走路时看到当地的花草树木，不由得想起家乡的情景，竟然忘记自己身在美国。

我在美国的科罗拉多圣山闭关了三次，总共差不多半年时间。这段时间对我修行的突破和提升非常大，让我经验到过去从未经验过的旅程。我也在特别的情形下，得到很多的教授和加持。

那段期间，我初次升起拙火，体验觉空不二、明空不二、乐空不二、空有不二，之后又得到大地之母、度母、空行母之舞这些帮助女性证悟的歌舞法门。只能说那次对我最大的改变，是让我和自己多生多世修行过的法脉因缘连起来了。

我还有一个很大的收获，就是当我看到自己生生世世的故事以后，突破了"我是藏族"的执着。我终于明白，民族、人种、宗教都只是轮回中的游戏，我们其实都是平等、一体、没有分别的，我们都是一家人。

我经验了佛法是让我们开发内心慈悲和智慧的一种方法，它并不是一种宗教、一种仪式、一种称呼、一种身份，也不是一种文化。

通过修持气脉明点连通自心

僧侣荣巴是一位犹太教授之子，很小就在美国纽约学习东方的气功和武术。之后他向许多宁玛派的大师请法，像敦珠法王等大成就者。之后他到尼泊尔学佛修法，住了二十多年。

2009年，僧侣荣巴给我了很多宁玛派莲花生大士的上师相应法的修持传承，还有气脉明点方面的教授与修持方法。

我开始修的时候，身体出现很多反应。在打坐中，根据气脉的走动，有时会突然忍不住哭泣；有时候又随着气脉走动，突然开始笑，难以控制。我这才了解，原来人的情绪和身体的气脉有直接的关联。如果人的气脉畅通，烦恼自然不容易升起。

时间和空间并不存在

有天我打坐的时候，突然想念我印度的一位音乐心灵导师德巴。我非常感恩他教导我的东西，希望能早点再见到他。

在这种思念的状态里，我的心里自然飘出一首歌，我就随着这股能量轻轻哼起这段旋律，从很小的声音开始，渐渐想大声唱出来。刚想放出声音的时候，这位上师突然出现在我头顶上方，他告诉我不要唱出来。他要我的声音往里推。我在他的教导之下，高音慢慢从外面往里走，进入了无声。

接着他又说：

"你想用声音唤醒别人的念头，只是一个妄念，除了唤醒自己，没有一个人需要被唤醒。你的妄念创造了虚幻的思念，虚幻的思念又创造了旋律，这些都是虚幻不实的。你必须要在声音的实相上修行，你必须要知道你用妄念创造了时间和空间，其实它是不存在的。

"时间和空间在实相里是不存在的。因为此刻我就在这里，我们从来没有分开过。

"是你用妄念创造了时间的假象，创造了分开的假象，我过去来过北京，现在感觉这个时间过去了，是你创造了这样的时间距离。在实相里面，时间是不存在的。从来没有过去，从来也没有未来。我就在这里。你用妄念创造了空间，我在印度，你在北京。在实相里，空间是不存在的，我们此刻就在一起，我们从来也没有分开过，空间是你妄想出来的。"

当我听到这些话，我被这个实相所震慑，动弹不得，我只感觉全身好热，好像湿透了一般。这次的经验，带给我突破性的觉醒，打破了我现有的世界，引领我进入未知的实相世界里。

实相的世界就是自心的世界，超越时间，超越空间，超越好坏，超越对错。它是生命的一种觉知的状态，清清楚楚，明明白白。这个状态它不在过去里，也不在未来里，它就在当下的觉知状态里。

✿ 女性的潜力有多么大

只要我们发现自己的自心，

像天空一样的空明。

有什么不能被天空包容？

只要我们发现自己的自心，

像大海一样的平静，

有什么不能被大海消融？

只要我们发现自己的自心，

像大地之母的胸怀，

有什么不能被大地养育？

只要我们开发自己的慈悲，

像慈母看到孩子，

有什么会让母亲计较？

只要我们开发自己的温柔，

像潺潺的溪水，

有什么不能到达的地方？

只要我们开发自己的坚韧，

像大山一样稳定，

还有什么会令我们害怕？

第六章
央金六法之五
实现愿心：自觉觉他菩萨行

行愿之心远离颠倒梦，
慈悲怜悯痛苦轮回众。
智慧菩提源于红尘中，
永不退转生生世世愿。
心随愿力绽放如花开，
祈请空性菩提相合一。

实现愿心：活出自己的剧本

实现愿心，就是在回归自性的状态中，去实践自己真正的心愿。时常回归自性，自然就会慢慢了解自己的真实心愿。要在动中去修炼、完成它。去经验"境由心生"的真实体会，你可以用自己内心的证悟，去创造自己的实相外境。

在实现自己的实相中，也会遇到不能落地的感觉。在修炼和行动中，心愿会慢慢形成。你刚开始实践愿心时，与现实还是会有很大的距离。

原因是你自己经验的东西，不一定就是实相，也许只是你成长中的一些心愿罢了。这个和你最终的实相还是有距离的。

这种经验是全然在自己的单独里面，是在自己最神圣的能量里面做的事情，所以，你的周围就会开始发生变化，因为这样的光是从你的源头发出来的，这种光就不是某种行为和责任了。它没有好坏善恶的概念，它就是光本身。你的实现就像花盛开一样自然，这就是你的菩萨心愿的落地。

开始带着觉性去走，会愈来愈清楚，也会有很多奇遇。因为心在变，所以境在变。心变得快，境也会变得快，就成了意想不到的奇遇，其实也是自心召感的。以下是我走上实现愿心之路有趣的经历，与大家分享。

心灵音乐探索之路

当摇滚遇到咒语：只要心在当下，完美的音乐就在那里

2004年，我先生把我接到台湾住，当时我只有一个兴趣，就是修行。我把所有的时间都花在听课、闭关、请法和禅修上。在禅修的过程中，我慢慢找到自己的使命，就是用心灵歌声来帮助人觉醒。

我开始尝试创作心灵音乐。正好朋友介绍了一群玩摇滚音乐的年轻人给我，我就和他们一起玩音乐。那个时候，我刚刚摸索着开始走上实现愿心的路。

但是，我对自己唱佛歌和摇滚结合，是否是清净之道不敢确定，就跑去问尼泊尔列些林佛学院的院长彭措僧侣。他在台湾办了佛学院分院，我也在佛学院里学习。院长告诉我，这不但是清净的事业，而且是你的修行之道，没有人可以模仿别人的修行道路，你必须走自己的路。将来你用歌声把自己的修行经历唱出来，这就是利益众生最直接的方法。院长还举了大师密勒日巴尊者为例，他所有的道歌，就是他对修行的证悟。我经过院长点化，不再怀疑，开始大胆创作自己的音乐。

刚开始，他们带我去地下室练团或热闹的酒吧表演。我根据现场的能量和他们演奏的音乐，自然会唱出不同感觉的歌。几位摇滚年轻人都觉得我唱得很酷。但是，我自己感觉，我想要表达的能量不是这样。

后来，我带他们到了台湾山上的大自然中，去寺庙，甚至去西藏的寺院里创作，结果创作出来的音乐和在城市喧闹处创作的音乐完全不同。最大的区别是，在安静的大自然里面，他们弹奏的音乐会安静下来，没有宣泄和烦躁的情绪在里面。

我们每次创作完，连他们也不由自主地说，今天怎么会弹出这样美的旋律来？我从来都没有讲什么当下的道理或能量给他们听，更不说什么祈祷加持，他们是没有任何信仰的年轻人。

但是他们很单纯，没有自我，就喜欢音乐，是很有灵性的几位音乐人。尤其是他们对我又很尊重，所以只要在能量好的地方，他们专注听着我的声音，和谐的旋律就自然弹出来了。我们做音乐的态度就是在当下自然中发生，并没有非要怎么样，或者去模仿什么音乐。

我在这个过程中经验到的，是我在创作的时候，只要没有头脑思维介入，自己"心在当下"唱的时候，音乐就像水一般自然涌出，他们的音乐也会变成我的声音最和谐的伴侣。声音和旋律成为最好的舞伴，自然就能表达出和谐优美的情景。这就是当下的默契。

我悟出了一个道理，为什么陌生的孩子们放到一起，自然就会玩在一起？因为小孩子都处在当下。所以创作心灵音乐，也变成我练习是否在当下的禅修功课。

心念和心灵歌声的力量：为长庚医院病人演出

2005年，我受杨定一博士邀请，为长庚医院做一次心灵演唱。在台北的一个音乐堂，竟来了三百多人。我要清唱一个多小时，包含各种咒语，没有任何准备，在一个祈请中，自然随着当下的能量吟唱。

结束之后，台下很多人说他的身体不由自主随着我的声音开始摆动，有些人在我的声音中开始落泪。因为我是第一次一个人在大众面前清唱这么久，这样的心灵反应我还是第一次听到，感到心灵音乐的确是很有能量。

万人禅修音乐会：人我一体，走出自我

后来，我又有幸被灵鹫山心道法师邀请举办万人禅修音乐会。那是夏末的一个夜晚，在台中的水上公园演出。一开始，大师对现代忧郁症病患进行开示。之后，我和我的几位年轻乐手一起表演。那是我第一次在这么多人面前演唱禅修音乐。我在湖中间专注唱着佛经和祈请圣歌，突然歌声把我带到一个明镜一般的世界里，我感到上千万的听众和我的心连成一片，最后进入一个没有听众也没有歌者的地方，只有一个声音在唱着，使我体会到不是我在歌唱，众生和我是一体的。

我深深感觉到宁静的音乐里强大的生命力量。

奇遇梭椤花：家在心上，不在地上

我的录音师沈圣德老师告诉我，泰国有个非常特别的乐团可

以搭配我的声音。经过风潮唱片同意，我们踏上了寻找心中音乐的道路。

在清迈，和这群音乐人相处的感觉，就像遇到自家人一样亲切。恍如知己的默契，短短一周内碰撞出许多音乐火花。虽然语言不通，音乐交流却毫无障碍，且似曾相识，默契十足，连即兴创作时所讲的故事和歌名都一样。

创作《天女的舞蹈》这首歌时，他们的音乐一出现，我脑海中便出现一群天女载歌载舞，问他们演奏什么，他们说是"天使在舞蹈"。原来，我们的音乐来自同一处！当音乐响起，我不断感受到天堂，好的音乐果真可以带我们去天堂。恋爱一般的几天创作结束了，清迈的日子给我花香般的记忆，到处都香香的。进到小店里，就像看见亲戚，平和又热情，让我感受到家乡的情景，因此写出《花的故乡》这首歌，觉得无处不是家。

录音前后，风潮又请了摄影师记录我在泰国的生活。我想拍出花香的感觉，我的泰国乐手建议我拍梭椤花。我只在佛经中读过梭椤树的故事：佛陀的母亲得到一朵梭椤花后，生下了佛陀，后来佛陀在梭椤树下枕着梭椤花瓣涅槃。这是两千多年前的故事，如今鲜有人见过梭椤树。泰国乐手说清迈寺院里有，我们找了几处，虽然看到树，但开花季节已过，只有树没有花，而我拍照的时间只剩最后半天了，心中总有未了的遗憾。

最后，摄影师打听到清迈最古老的寺院里有一株梭椤树可能还开着花，而且是古时从印度请来的，我心头一震，大家立刻驱车前往。

远远地，一株参天的老树伫立在蓝天之下，树身三分之二以上是茂密绿叶，之下是完全无叶但带刺的老枝丫，有如一顶大宝伞般蜿蜒垂坠，老枝丫上开满了粉红色的梭椤花。

我对眼前的景象震撼不已，一颗心抽动着，甚至无法呼吸。走近树时，花瓣慢慢落了下来，我情不自禁地跪在树下，拾起花瓣捧在掌中。落花持续掉在我身上，我仰起头，仿佛看到佛陀踩着花瓣而来，眼泪立时掉了下来。我不由自主唱出一首《花香飘来时》，献给了佛陀。一股从未闻过的花香引领我进入禅定，我穿越了时空，进入了古代。不知过了多久，我才从冥想中出来。

我似乎明白佛陀为何涅槃于梭椤树下，我也明白我这次来清迈录音，就是为了这个花香而来的。当人们的内心开始经验花开、能闻到花香，就是开始走上了觉醒之路。原来佛陀用花开和花香来预兆生命觉醒的过程。

家在心上，不在地上，希望每个人都能找到自己心灵的家。

梦中狮子吼：随愿而行

2005年，我到印度去参加噶举的祈愿大法会，又见到了大宝法王。那次法王对我非常亲切，像看见家人来了一般。尽管法王的行程非常紧凑，我仍然得到二十分钟的会面时间，与法王好好讲讲话。

我向法王报告了当时的三件事。第一个是关于藏民族的前途，我问法王现代藏族家人的生活愈来愈脱离佛法了，怎么办？他的回答很特别，他说："古代我们出家人是不参与世俗生活的，但是我现在也在思考这些事，将来我们一起来开始。"另外两个也都得到了圆满的回答。

那天当我走出他的房间，突然觉得自己好像在飘，清楚感受到整个世界在一场梦里，我不知道法王给了我什么样的加持。之后好几天，我都有这样的感觉，真是不可思议！

那几天，我多次听法王开示，还专门接受法王观音法的灌顶和慈悲的修持方法，更幸运的是，有机会为法王录制了一张《狮子吼》音乐专辑。

这个专辑制作属于巧合。在祈愿法会上，我听到僧侣的诵经声音，很感动。虽然法王非常鼓励我通过唱歌来帮助众生，我也找到了通过唱诵道歌来修行的道路。但是，当我听到法王和僧侣这样的法音，自己完全被融化了，没有一丝忧伤和恐惧。我想，当我面对无常和死亡来临，若能听到这样的声音，我将了无挂碍和遗憾。

在菩提树下那鸟语花香、佛光普照的吉祥日子里，我享受了七天，但七天又是多么短暂！还有很多信徒没机会到印度亲耳听到这样的法音，当时我就生起一个念头：如果我有机会录下这种法音，进行制作，让更多人听到，该有多好呀！这样的声音会让多少浮躁的心平静下来！

这次我又正好带着录音设备。这是我多年的习惯，我在旅行的时候都会带。我通过堪布丹杰请示法王，可否为他制作音乐专辑？结果法王答应了，我非常兴奋。

等了几天，终于可以为法王录音。我到了法王的寝宫里，经过堪布丹杰协助，把机器架设好。法王还用中文念了一首他写的诗，唱了《狮子吼》和其他圣乐，很顺利就录制完了。法王想试听一下，我在法王面前操作电脑的时候，发现自己的手在发抖，法王笑着说："慢慢来，不急。"我收拾着录音器材，法王走过来，说了声谢谢，又不知从哪里拿了一块巧克力给我，说："明天我要请全体工作人员吃饭，你也来喔！"法王其实不只是一位威严的法王，他又是如此温暖、细腻，像母亲一样。

我回到台湾，和配音师在制作音乐的过程中，希望保留法王声音的本质，只在唱诵声下添加装饰性的背景音，保持清净的磁场。配完音乐的当夜，我在梦中梦见了法王，梦中的情景是：

我在请示法王唱片的名字，我们有一个简单的对话，当我讲出"狮子吼"时，法王答应了，然后从我的前方离开。我看着法王的背影，眼前突然出现一头棕色大狮子。"噶玛巴就是狮子"。原来，十六世大宝法王曾说自己就是狮子，因此国外弟子出版了很多关于"噶玛巴——狮子吼"的作品。

第二天，我打电话给堪布丹杰，希望他向法王报告我的梦境，并请示法王唱片叫《狮子吼》可否？结果不但得到法王的同意，他还为这张唱片题词：

不开的花，我们让它开花。
不和平的，我们让它和平。
不平静的，我们让它平静。

我想一个人只要发的心愿是纯净的，只要去实现它，奇迹就会一路发生！

道家的高人：经验天道

我在台湾见过很多修行道上的人，其中有位师父在道教里是非常正派、修为非常高的道家高手。她是一位八十多岁的老太太，但是看起来最多只有六十多岁。她每天四点起来打坐，非常善良、慈悲。她的道场非常清净，我一进去，就感觉里面的能量像一面镜子一样，会照见自己的污垢。

她从来不接受弟子的一分钱，不受任何供养，反而免费提供条件让有缘的弟子来修行。她的教授很单纯，大家吃素，借由大量的抄经来化解业力和障碍，抄《金刚经》《地藏经》和《心经》。

她有间巨大的佛堂，每天有非常多众生找她帮忙。她用她的特殊能力，在地藏王菩萨面前，帮助众生消除各种痛苦和障碍。我是通过这位师父的大弟子和她结缘的，师父非常喜欢我，总是希望收我做她的弟子，说我在天堂也有座位。

我非常尊敬这位师父的人格，可是因为修行的知见不同，我没有拜她为师。但是那段时间，我经验和了解了道家的道路、天界的护法等，对我帮助也很大。

土耳其圣人：苏菲的神圣舞蹈

2006年，风潮唱片公司的老板把我带到苏菲的舞蹈里。他的苏菲老师是一位意大利人，他们每次闭关十五天左右。第一次我去了一个礼拜，在台湾一个美丽的海边度假村里，每天在一间上面有遮棚，四周环海的教室里上课。美丽的海、美丽的音乐、美丽的裙子，简直像是在一个梦幻的旅程中。

但是最精彩的，还是苏菲独特的旋转舞蹈。每次旋转三十分钟之后，再开始禅修。我刚开始旋转，就进入各式各样不可思议的境界里。每个人的经验都不同，我被这些强烈的内心经验吓到。苏菲的这种旋转舞蹈如此神奇！

第二年年底，我有机会去土耳其昆亚参加鲁米圣人诞辰八百周年的盛会。全世界的苏菲教徒都聚集在昆亚，整个昆亚都沉浸在歌舞庆典中，不分昼夜。

这里的苏菲教徒都是一些简单善良的人，也是比较隐秘低调的修行者，且职业是各种行业，有厨师、做地毯的、修车的……深入到寻常老百姓里面。

因为是这位意大利老师带队，我们可以见到当地地位最高的两位苏菲圣人，其中较年长的那位是他的老师。我们一群人来到这位老师家里，把沙发都坐满了，有些人便席地坐在地毯上面，老师非常好客，每次去都有很多好吃的。这位老师非常特别，听说一年前他因为中风完全瘫痪在床上，但我们见他的时候，他已经恢复到走路只需要轮椅的程度，其他都非常健康，而且他的精神一点也不像是个病人。他带领大家用能量咒语唱歌，一会儿之后，全场每个人都进入一种不可思议的能量场里，经验到自己像宇宙般强大的能量。这位老师还讲了很多关于苏菲的修道知见，他们的见解非常像禅宗里的自性。他说："阿拉，不在外面，阿拉就是你的心。"

在这里遇到的最难忘的是一位苏菲的民间老人，他至少有八十岁了，牙齿已经掉光，但是身体非常健康，意识也很清楚，没有一点老态。他不停在唱歌，歌声随时在当下就唱出来，在大街上，在小店里，用他的心迎接每一位来朝圣的苏菲教徒。他在这样一个老山村般淳朴的城镇里面，他的歌永远都在当下，歌声出来后的能量，就连正在吵闹的人们都会突然停下来，静静听他唱。我看到他时，不由得想起《密勒日巴的故事》。

他是这里的苏菲歌唱之魂，当地的电视台想录他的声音，他不但从来不上电视，还会把那些人骂走。那次我们去，他非常喜欢我们，天天来陪伴我们，天天唱歌给我们听。尤其，他很喜欢我。他说我一定要再来看他，他也想跟我去西藏。当时，我多么舍不得这位尊贵的老艺人，他歌唱的境界绝不属于凡夫俗界。

后来，我才知道苏菲是最早、也是古印度密法的一支修行派系。我到美国也见到几位修行很有成就的苏菲徒。苏菲的最高境界就是，超越你的肉体。在舞蹈中，身体在旋转，你可以从身体飞出去，接受苏菲成就解脱了的大师们真实的教导。

跟随内心直觉开放自己，奇迹一路发生

美国黑人小伙子鼓手：跟随内心的直觉，随心创作

我在洛杉矶家中制作音乐，有天和我的吉他手商量，要找一名鼓手。当夜我就做了一个梦。我在梦里看到我的鼓手，脸黑黑的，好像是一个伊朗人。第二天，我问一位来家里的客人，是否有认识的很特别的鼓手可介绍给我。结果这位朋友说，每周末都有很多艺术家在洛杉矶的海滩表演，你应该去看看。我一听，心里感觉就对。那天正好是周末。我马上跟我先生说："我们去海滩，去找我的鼓手。"我先生和我的吉他手都说："你真的确定能找到吗？"我说："走吧。"我先生只好去开车。我们开了一个半小时车，终于到了。

洛杉矶的夏天，大家都是懒洋洋的。我们向海滩走去，逢人就问："哪里有打鼓的音乐家？"我们顺着向导的指路，向海滩走去。隐隐约约听到了鼓声，但是看不到人群。

我们继续穿过沙滩，向鼓声走去，终于慢慢露出一些人的影子。我们一步步向人群走近，突然在远远的鼓群中，我看到了一名鼓手。我们继续靠近，我终于看清楚鼓手的脸，他是个年轻的黑人，一直低着头，闭着眼睛一直在打，打得非常投入。我并没有去和他打招呼，反而直接走进这二十多位鼓手中开始跳舞。随着鼓

声，我尽情地跳着。鼓群里突然来了一位这么自信的东方女孩，大家打得更加起劲了，许多鼓手不停地跑到我面前来献殷勤。我还是跳我的舞，那位黑人小伙子，他并没有因为我的到来，而让他的心受影响——他一直在音乐里面，用他的生命在打鼓。我还故意跑去和他用舞蹈交流，他非常自然地用鼓和我交流。

我跳了很久之后，走出了鼓群。我告诉吉他手说："我找到我的鼓手了。"他非常兴奋，赶紧问："是哪一位？"我说："在人群的最外面，低头打鼓的那位黑人小伙子。你去和他聊聊，要他的电话号码。"他马上冲上前去要了电话。我们离开了现场，吃了饭开心地回家了。

第二天，黑人小伙子来到我家。他一走进我的录音室，头就在摇晃，身体在自然的节奏里律动。怪不得黑人的血液里都是音乐。他坐在我的钢琴前，开始弹一首一首的音乐。

那天我们俩自然创作了很多音乐，他在我的歌声里哭了。他说他过去和很多艺术家合作过，除了一位是在当下创作音乐，只有我也是这样创作的，令他非常兴奋。他原来是个小天才，三岁就学钢琴、鼓，也会作曲与制作音乐。我们在当下创作了很多很多有趣的音乐。

边做家事边创作音乐：随缘自在，要用就有

之后黑人小伙子和几位美国乐手，经常来我家里玩音乐。我家也是朋友聚会的地方，我作为女主人就更忙了。我刚开始创作心灵音乐的时候，还需要专门到寺院里闭关打坐，需要清净自己之后，感觉才有灵感创作音乐。随着修行的稳定，我慢慢可以在任何地方创作，周围的能量不太能影响我了。我最大的一次突破是在美国家里通过每天做家事练习保持觉知当下。

我在一次洗刷碗盘的体验中，突然经验到世界上没有什么大的事情和小的事情。自己只是个桥梁，在当下做事情的觉知才是最真实的一刻，其实洗碗和办演唱会的境界是一样的。我觉得做家事和唱歌都是很有意义的事情，也是非常平常的事情。从此，我在做家事的中间也自然就可以随时创作心灵音乐了。随时可以处在当下，随时保持觉性。

我开始一边做家事，一边和乐手一起创作、录音，变得愈来愈自然，愈来愈自在了。要用就有，我们真的就是宇宙的桥梁而已，只要我们放下执着，不断开放自己，你就会变成一个行云流水的人！

音乐无国界，交流无障碍

我在科罗拉多山上闭关时，认识了保罗·温特（Paul Winter），当时他来山上办音乐会。汉娜跟我介绍了保罗，她说："保罗是美国的环保音乐之父，你的声音如此有灵性，如果你能和他在一起创作音乐，会发生奇迹的。"

于是，我参加了保罗的音乐会。结束后又一起吃饭，保罗向我表达对我音乐的喜爱。说到尽兴之时，我现场献唱了一首歌，是一首很家乡的歌曲。唱完后，保罗告诉我他"爱上了"我的音乐，告诉我他正好要在纽约教堂办一场夏至音乐会，邀请我去唱歌。我欣然前往。

迎接夏至的那一天，我们事先没经过什么排练，从凌晨一点开始准备，四点开始唱。全场都是在黑暗中进行的，第一首歌是我清唱着穿过观众当中，跟五六位音乐大师一个一个地说话。我用我的歌声，他们通过他们的乐器，慢慢对话。这完全是用音乐来做心灵交流，音乐完全不需要语言，虽然我们各自属于不同的语言、不同的国家、不同的民族，运用不同的乐器，却完全没有障碍地在交流着爱。

在这个教堂中，我第一次体会到宗教无国籍，音乐无国界。而且我和这些音乐大师完全没有排练过，是纯粹的现场交流、真正的当下音乐，毫无障碍。

这次音乐会上还有个小插曲。凌晨一点钟，我先生为我买了涂奶油的贝果当早餐。音乐会开始后，当我从观众中清唱走出来，第一声唱出来时，嗓子竟然有些沙哑，声音不再清亮。我一下子变得很紧张，还好我马上恢复了平静。到后台，我回想了一下，突然明白是因为吃奶油的缘故，需要很长一段时间才能恢复。但是演唱已经开始了，一想到这里我又开始紧张，怎么办呢？结果，音乐会的工作人员玛修来后台找我，说他感觉我的嗓子出问题了，要帮我做一下治疗。我答应了。我坐在椅子上，他站在我面前，手掌朝我的喉咙方向帮我做治疗。我闭着眼睛，感受到一道明亮的光轻柔地穿过我的嗓子，我的喉咙打开了。

我的嗓子竟然好了！接着又轮到我唱了。其后整个过程中，我都唱得很好，沉浸在一种自然的感动能量中。我感受到一种温暖而强大的力量一直保护着我，使我在没有恐惧、无限平静中完成了整场歌唱。

那次我在这座教堂里体会到，宗教是一体的，最神圣的东西是一体的。就像太阳一样，照射着我们，散播着光芒，它就一直在那里，关键是我们的心是否已经打开，我们的心是否在分别。

整个晚上，我都在一种神圣的洗礼里吟唱。唱到最后一首歌《早上的太阳》时，随着我古老的歌声，所有音乐家的音乐自然响起，就像万丈光芒升起一般，音乐变成一首温暖光明的交响乐，响彻教堂。第一道曙光从玻璃窗射进来，天已经亮了，早上六点钟了，我们迎来了夏至的早晨，大家都把蜡烛点起来了。保罗非常感动，牵着我的手把我带到观众中，我才看到许多人满脸泪水，他们说音乐把他们带到了天堂。

后来，收录了这场演唱会歌曲《满愿文》的专辑获得了格莱美奖，这是上天送给我的礼物。我非常感恩，我只是一个桥梁，希望通过音乐的管道，把上天的爱、光芒和温暖传递给人们。

终于实现愿心，心灵音乐连接东西方

上天的礼物：无求才会得

这几年来，我其实没怎么在唱歌和创作，多数时间都花在禅修和做公益上。虽然之前有位朋友告诉我被格莱美奖提名了，我也没有什么期望，只是平常心。

后来我收到保罗的邮件，他要我代表保罗·温特乐团参加活动，领取新世纪（Best New Age Album）奖项。我想这是全体音乐家共同的奖，只不过我是专辑里面主要的灵魂歌者。

当天下午，大会宣布我获得格莱美音乐奖，成为第一位中国籍格莱美奖得主，我只觉得突然，上台领奖时却感到很平静，充满了感恩。当时我只有一个念头："这是上天赐给我的一个礼物。"心中想着把这种喜悦的心念送给每一个人。

隔天早上我醒来，坐在床上想到昨天发生的事情，似乎是场梦，想到："格莱美奖，对身为心灵歌者的我，是最高的荣誉。或许，这也是上天传来的一个讯息，要我不要放弃歌唱生涯，歌唱是我帮助人们的工具，要我通过音乐帮助人们开发慈悲和智慧！"

于是，我便开始回忆，这样一个善果是如何形成的呢？突然，时光似乎回到了三年前。当时，我在北京的一位心灵朋友给我很多讯息。她要我去西方完成连接东西方桥梁的使命，因为东西方融合，世界才会和平。正巧第二天，遇到汉娜来到我家，邀请我去她的美国圣地闭关，而后在山上又遇到了保罗，我不仅参加了他的音乐会，而且邀请我去纽约的教堂表演。就在那次的两年后，我得到了格莱美奖。这一路的奇迹发生都不是人为可以设计出来的，也印证了汉娜最早对我和保罗合作的预言。

这一切感觉很不可思议。通过这次回顾，我有一个很深的体会：每一个善果，都是每一个善因、每一个人的爱心所联结起来的，就像一道链条。如果没有这道链条，这件事情是根本不可能发生的。

所以，佛法说："境由心生。"每一个成功的背后，是由很多很多我们感受得到和感受不到的因缘所促成的。所以，这件事情让我感觉不是我个人的成功，而是所有人把爱给予了我。在这件事情上，我感受到我只是代表，是佛菩萨、龙天护法帮助人的一个桥梁而已。

我心里充满了感恩，觉得这是上天赐给我的礼物，我用一种感恩的心把欢喜回向给所有帮助过我的人。以后我要好好珍惜自己的天分，继续创作唤醒人的音乐，好好服务人类。

行愿中遇到同愿人

人的一生冥冥中好像就在一个安排好的轨道上行走，某些有缘的人你总是会再碰到，某些你注定要做的事情，你总是会再选择。

我和佩姬·洛克菲勒（Peggy Rockefellor）女士的奇遇从2008年印度的一次大会上就开始了，当时我的歌感动了她，但因为语言的障碍，我并没有记住她。但是，一年以后的某一天，我的先生带着中国企业家到美国观摩公益事业的做法，正好到洛克菲勒家去参观。佩姬·洛克菲勒的CEO巴布过来告诉我先生，说他的老板佩姬·洛克菲勒非常喜欢我的歌。刚开始，我先生感到奇怪，央金怎么会认识佩姬？后来听巴布解释后才知道缘由。接着巴布就说佩姬很想见我，希望安排见面。那时候，我住在洛杉矶，又正好要去纽约表演，就顺便和佩姬见面了。

　　那次，因为有最完美的翻译——我先生，我们谈得非常愉快。之后她很快约我和先生参加她们家族的一个组织——世界家族公益会（Global Philanthropist Circle），这个公益会是她和她父亲老洛克菲勒花了十几年建立的，其中有来自二十多国家的七十七个政商家族。这些家族一直有帮助社会的传统，这次是世界家族公益会（GPC）办的公益领袖颁奖会议。两次的会议开始之前，她都安排我歌唱二十分钟左右。佩姬说，"这些来自世界各国的公益家们做的公益事业都很大。但是，也免不了做公益太左脑化和自我化。我总希望大家的心更能打开一些，做公益的心很重要。而你的歌声正好起到把大家的心能打开的作用。心打开了，自我就会减少。"她又说，"你的声音能直接穿透人心，能直接到达灵魂深处。"

　　之后她约了我和宇廷，参加她家里的闭关禅修会。在禅修的过程中，我们彼此更亲了。在一次的禅修中，她告诉我，我是她的双胞胎姐妹，一个投胎在东方，一个投胎在西方。在之后三年十几次禅修会中，我们通过和大家在大自然里的禅修，打开心，找到自己。

我们亲如姐妹，彼此分享心灵成长，慢慢我们找到帮助人类更清楚的使命。我们都感觉到现在社会这么多问题，主要是在男性主导的世界里，世界被物欲带领，心灵面的文化和艺术被轻视。女性又在男人的世界里面打拼，女性的阳性能量过强了，阴性能量被压抑。世界上的男性能量和女性能量都失衡了。所以，女性非常不快乐，男性也迷失了。

在佩姬非常真诚的三次邀请之下，我们也加入了世界家族公益会这个公益组织。去年，我们安排世界家族公益会来中国大陆和中国台湾，还有我的家乡，学习交流。我们也想通过世界家族公益会这个平台，来和世界建立信任的链条，帮助男性和女性的能量平衡，让世界和平。

这似乎也验证了四年前一位心灵朋友要我去西方的预言，也许这就是与自己前世的愿心有关。

歌唱中行愿：心灵音乐连接东西方

当你的愿清净之后，一路会不断遇到同愿的人，而且自然会连接起来。

我和彼得·巴菲特也是在佩姬家的禅修时认识的。禅修中彼此并没过多交流，但是在结束的时候，佩姬让我和先生给大家介绍一下中国的情况。当先生和我介绍了一些中国的情况之后，彼得·巴菲特说在这么短的时间里面，他们了解了真正想要了解的中国。他夫人珍妮弗·巴菲特跑来和我拥抱。她说我说的女性时代来临、东方西方要融合、大家都是一家人的事情，触动了她的心，我看到她眼中的泪花。还说在她们的修行里面，也接到同样的信息。所以，我们相互约了以后再见面。

去年春节，彼得·巴菲特夫妇来到我洛杉矶的家里住了四天。这次我们也一起禅修，谈得非常多、广、深。我们也彼此交流心灵修行的方法，一起跳特殊的心灵舞蹈，一起商量怎么结合在一起，帮助到更多的人。

之后彼得正好新书发布来了北京，约我和先生参加。我们一起早餐时，自然而然地开始聊起怎么一起通过音乐来唤醒人们，让迷失的年轻人找到自己，做自己，不要放弃自己心中的梦想。现在很多年轻人很迷茫，很崇拜外面，向外面寻找快乐，结果越走越远。

我们希望怎么样用音乐和舞蹈打开人的心。心打开之后，从内心找到自己。

我们觉得音乐是一个非常自然而快速的工具和媒介。

刚好去年五月份我们接待安排世界家族公益会来中国学习交流之旅。行程中间在北京中山音乐堂首次举行办了我和彼得·巴菲特的专场《世界和平祈福音乐会》，通过心灵音乐传播善念，通过心灵音乐打破国家、民族、种族、语言、信仰之间的隔阂和障碍，我经验了心灵音乐是直接带着能量的爱的使者。

音乐是传递和平的国际使者
2012年5月，保罗·温特乐团到日本秀美去表演。秀美是遍布世界各地的日本慈善机构，我们在美国的表演一直都是秀美支持的。秀美有三个使命：接收上天的能量疗愈人心；通过自然种植保护地球；保护世界珍贵的艺术。所以，我们的音乐也是他们保护的艺术之一。

保罗·温特乐团是一个世界性的乐团，里面有美国人、南美人、欧洲人、印度人、亚洲人，音乐领域非常宽广。每位艺术家的音乐都上升到灵魂表达的层次了。

我们到日本的秀美，在大阪的一座大山里。这里还有秀美举世闻名的美浦（MIHO）博物馆、一流的表演剧场。艺术家在这个殿堂般的表演厅里表演，不同国家的艺术家用不同的音乐形式：西方教堂的音乐、印度的灵性音乐、中国的心灵音乐、日本的和平太鼓……表演厅最高处有个象征天堂的天窗，当不同国家和宗教的音乐汇聚在一起的时候，都变成了彩色的光，交织成一道彩虹，通向和平的天堂。

心灵音乐竟有如此强大和谐的融合力量！

当下音乐之旅：在声音里飞起来

2012年初，我的朋友微微来找我，她说她在禅修中观想怎么做她公司的十周年庆——我的名字出现了。我能为她做些什么？我说我也不知道。她说："那不行，你现在这种状态，是我们女人的一个希望。"我说："是吗？那我教心灵舞蹈吧，让女性在觉知的舞蹈中找到迷失的自己，找回她内心的快乐。"她便答应了。

之后，我去日本表演。在过程中，我有机会和印度的一位大师合作，在我和他的音乐对话中，我感受到一种强大的能量世界，我们的音乐非常在当下。这种感觉我在禅修里才能经验到。我灵机一动，想把印度大师和我声音的灵魂伴侣印笛大师以及一位手鼓大师，请到北京来办一场音乐会，希望大家有机会享受到天堂的音乐。

到了北京，我把想法告诉了微微，她非常高兴。一场美丽的心灵音乐会就这样在北京的夏天诞生了。

在北京甲六号会所，外面是四合院，有荷花的湖泊。房子里有点像教堂。踩着院子里铺的紫纱走入，充满了浪漫的气息，台上摆满了荷花。

其实那段时间，我心里很辛苦，因为我父亲刚过去两周，我自己又重感冒，得了慢性咽炎，心中面临很大的考验。临上场之前，我感到嗓子又沙哑了。三位音乐大师和我坐在台上，准备开始了，我心里没有恐惧，但是，我感觉自己的嘴唇在跳，也许我的身体在害怕。

这时候，我突然想到这位印度大师曾经告诉我："你开始唱的时候，不管心里感觉如何，就告诉自己，我就是宇宙，当你这样出发的时候，你才会在声音里飞起来。"我于是告诉自己："今天无论如何，我就是这个一如。"

突然间，我进入了无限的安静和自在里，声音开始带着我，进入无限的自由。我和三位大师随心在当下创作了很多新的音乐，在将近两小时的音乐旅行中，我们一起进入了无法言语的境界，从心里流出的音乐带我们融入了宇宙的一如里面。近三百名听众进入了很深的禅修里面。这未经头脑和经验设计的当下音乐，才是通往天堂的桥梁，而我们就是传导能量的线。

❀ 心灵音乐探索之路

我生长在西藏的山中，
从小总是跟着父亲放羊，
在山上放羊的时光里，
陪伴我玩的就是花花草草，
与我对话的就是各种鸟语，
以及远方牧羊人与我的歌声相应和。

长大之后我考上了音乐大学，
每天面对专业老师的咿咿呀呀，
觉得唱歌这件事似乎没有童年好玩，
面对钢琴和五线谱，一切变得复杂了。

出道后和姐妹们登上舞台表演，
闪烁的舞台灯光和专业的舞台训练，
渐渐让我有喘不过气来的感觉，
在后台看到大明星们脸上也写满了烦恼，
我开始迷惘这就是我人生的道路吗？

后来，我在寺院里听见僧侣的诵经声，
整个身心都平静下来，诵经声像摇篮曲一样，我仿佛回到妈妈身边，心灵得到了安慰。

我这才恍然发现，自己虽然在音乐上学了很多技术，

却也走了许多弯路，才找到自己的方向。

我在找寻自我的道路上，

遇见了一群想法很自由的音乐人，

我们组成了一个跨越东西方文化、跨越宗教信仰的乐团，

我们离开了封闭的录音室，

到山上、到海边，到最接近自然的每个地方即兴创作，

我们像孩子一样没有目的、没有假设，走到哪、唱到哪，

没想到音乐、感情、旋律，像水一样从体内源源不绝涌

出……

我选择的是一条有别于传统、主流方式的音乐路，

希望歌声中传递的是我最真诚的生命经验。

第七章
央金六法之六
任运自心：让一如状态变成生活行为

做与不做都是道，
没有任何道可循。
一切都是因缘生，
因缘而生是缘起。
任运自心行大愿，
如月舞动在浪中。

任运自心：让一如的状态变成生活行为

任运自心就是把一如的觉知状态，变成像呼吸一般自然。把一如的觉知状态，变成你的行为，带到你的日常生活中。

你知道所有的一切，都是你的心的化现，宇宙就是你，你就是宇宙，别人就是你，你就是别人，都在一个没有分离的合一里面。合一的世界里，没有空间、没有时间、没有对错、没有善恶、没有来、没有去。一切的存在，都是因果的显现。

任运自心是多么不容易

经过发现自性、提升自心、认清自心、回归自性四阶段后，在实现愿心的时候，如果不经常练习，觉性也会丢掉。

如果座上有十分，下座只剩下一分；如果下座有了十分，睡眠中只剩下一分；如果睡眠中有十分，病中只剩下一分；如果病中有了十分，死亡的时候只剩下一分。所以，保持在觉性中是多么的不容易呀！

我们只有在生活中，才能彻底觉醒，经过百万次、千万次、无数次的练习、再练习，直到完全与自性融为一体。

人们成长需要经过一年一年积累，需要一口一口吃进营养。修行需要一点一点地积累，一步一步地去实践。修行要找到觉性、熟悉觉性和保持在觉性的状态中。

　　运动员为了保持在最佳状态，需要每天练习。其实心灵的修行也是一样的，要不停地练习和经验。

✿ 空行母之歌

　　啊！空性中行走的女人！
　　你像空气一样的无声。
　　没有你，我们会窒息。
　　啊！空性中行走的女人！
　　你像太阳一样的温暖。
　　没有你，我们会感到冰冷。
　　啊！空性中行走的女人！
　　你像母狮子一样的霸道。
　　没有你，我们会恐惧。
　　啊！空性中行走的女人！
　　你像大象一样的稳定，
　　没有你，我们会不安。
　　啊！空性中行走的女人！
　　你像鸟儿一样自由，
　　没有你，我们会拘束。
　　啊！空性中行走的女人！
　　你像小猫一样的安静，
　　没有你，我们会烦躁。

音乐让我和一如连接

人最难的就是从习惯和经验里出来

我和我的老师德尔巴·高思（Dhurba Ghosh）是在日本演出时相遇的。他是一位非常低调的印度音乐大师，也是一位通过音乐修行的证悟者。同时，他是孟买某所著名音乐学院的院长，亦是世间少数几位弹奏印度萨伦吉琴的大师。萨伦吉琴是世界上最难弹奏的乐器，但是到了他的手里，就有了生命，像是活着的一样。

我和他一起表演，每次都是在当下创作音乐，每次的表演都会有生命再生的感觉。我们的音乐从来不在过去里，也不在未来，就在当下的那一刻。即便是表演过去的旋律，我们都不会掉进过去的经验里。他告诉我，对艺术家来说，最困难的就是在每次表演中从过去的经验和习惯里走出来。

后来，我有机会请他来北京演出，表演结束之后，他说愿意教我如何发音。我请他来家里教导我。不可思议的是，他教导的原来是如何通过声音，进入甚深禅定的方法。

声音是带着能量的波。我们通过掌握心声的波，回归到宇宙的一如里。自从德尔巴老师教导了这个用声音禅修的方法之后，我只要用这个方法禅修，就可以连回一如的状态中。同时，我也接上了印度用音乐修行的传承。

我们西藏的寺院里面，也有唱诵声音很好的僧侣。他们是通过禅修和祈请唱诵自然开嗓的，寺院里面带领唱诵的僧侣也用一些特殊的方法训练嗓子。但是他们都不知道这套修行法。这位印度老师之所以有这个传承，是因为他爸爸从小教导他，他的家族是印度著名的音乐世家。用音乐禅修，通过音乐修行达到证悟，在印度有非常悠久的历史。这位老师最特别的是，他的知见和佛教正法最高的知见是一样的。本来我们认为佛教在印度消失了，其实佛陀的正法仍然在印度保存着。

回归源头

我有天早上打坐，一股新的能量慢慢从我的身体里面升起。愈来愈大，愈来愈有力量，是一种巨大的开放，无限的开放……我的身体和宇宙是一体的，连接在一起，而我身体里的能量在宇宙里面慢慢再回归。我才体会到生命的意义原来就是回归宇宙的本源。

最后自己全部融在了宇宙的能量里面，一片明亮，在寂静里，我只听到自己的心在跳，但是身体好像已经不见了。

下一个情景是：我慢慢感觉到头皮发麻、头很涨，头盖骨有点被掀开的样子。在我的头顶上方有道光明隧道，直通我的头顶。我随着光明隧道看过去，看到老师穿着白色的衣服，在一个辉煌的佛殿里坐着。我深深地顶礼老师的脚，之后很多花瓣飘落了下来。

之后，我又进入了下一个阶段，所有老师的加持，都变成了无数的花瓣，落下来……我自己也变成了花瓣，开始落下，落完之后，又变成无数个无边无际的人，好像是自己，又好像不是自己……原来自己就是无限的众生。

之后，这些景象没有了，我自己在一个近乎海洋般的水晶世界里，身体很清楚，但不是具体的，像是在水中的影子，又好像是一种光波，似真非真之间。

眼前的世界几乎似在梦中一般，只有那个时候我是在当下，全然和纯粹地活在当下，一切都过去了，几乎什么也没有发生过，除了当下的觉知。这时候的存在是这么的真实，空气中每一个分子都充满感恩和爱，每一个呼吸都是爱。

自我在自己的声波中爆炸

我有次打坐时，用声音禅修。通过声音，一些念头慢慢在声音的频率里脱落。自己的心感觉愈来愈清晰，身体里升起一种新的能量，愈来愈强，具象的身体慢慢变成了能量，开始分解，开始分离。声音的频率也变得愈来愈强大。

突然，我经验到身体的能量在强大的声音频率里爆炸了，是一种缠绕在自心周围的顽固的自我爆炸了。一种新的生命能量像冲破乌云见天日般冒了出来，周围的能量像淡淡的云雾一般，慢慢消失了。这次生命觉醒的经验，像一条小溪融入海洋般的感觉。

奔腾的小溪流入平静的海洋之后，一点声音也听不见了，寂静了……

把一如的状态带到日常生活中

一如就是合一的状态，这种一如的感觉是我们与生俱来的，不需要到外面找一个什么东西来加到我们身上，一如从来没离开过自己。就像小孩子的状态，无惧、没有分离的感觉。即使是在动中，也不会和一如分离。但我们接受后天的教育之后，被训练得习惯活在头脑里面，头脑就会把你带到一个分离的世界里。

我们习惯用分开的头脑看周围。这是我的，那是你的，你是你，我是我。但是在一如的世界里不会这样看。在一如的世界里，什么都是清清楚楚的。禅宗的"善能分别诸法相，于第一义谛而不动""如如不动，了了分明"都是形容这个状态。

一如是一个无分别的状态，因为你发现别人就是你，你就是别人。你包括一切外境，一切的外境也就是你的投射，是你的一部分而已。在这样的状态里面，你就不会被头脑控制了。

没有什么过不去的，也没有什么不接受的，你也没有什么好争辩的。除了当下，一切都是虚幻的妄念的世界。实相就在当下的那刻，没有空间，没有时间，没有过去，也没有未来，就在那刻因果的呈现而已。

落实在当下的生活中，是非常简单和更加真实的感觉。比如说：吃饭就是好好吃饭，简单完成每个动作，带有觉知地吃饭。看到碗里的食物，你的心就在食物上面，闻到食物的香味，有觉知地把食物送进嘴里，有觉知地把食物咬碎后送进胃里。

有了这样当下的觉照能力之后，你就不会生着闷气吃东西，也不会在吃饭的时候东想西想。如果你有觉知地做当下的每件小事，你会慢慢变得更加清明、更加有活力。

你不会随便浪费你的能量在妄念上，你会发现你做事情会更有效率，而且灵感常常来自当下的瞬间，就是："空中生妙有。"在喝咖啡的时间，一切答案就摆在面前，你根本不需要用头脑费劲地准备。你会对自己更加坦诚和诚实，有勇气面对真实的自己，也有勇气面对真实的别人。

火焰一般的情——献给空行母的歌

手里握着带火的神剑，
穿越男人强硬的心尖。
身体在火焰上舞蹈，
温暖男人冰冷的身体。
心灵在空性中歌唱，
唤醒男人理性的头脑。
海水一般温柔的能量，
养育沙漠般的男人。
甜蜜清凉的甘露水滴，
洗净了被欲望淹没的男人。
震撼脉搏的觉醒鼓声，
敲醒像孩子般沉睡的男人。
母亲般给予的怀抱，
包容了恐惧的男人。
啊，在空性中歌唱！
啊，在火焰上舞蹈！

觉醒之旅的六个阶段

当你发现自性，你就走上了觉醒之旅。

当你提升自心，你会少些烦恼，多些欢喜。

当你认清自心，你就再也不怕烦恼；欢喜也自然增加了。

当你回归自性，你会时常在清净喜乐中。

当你实现自心，你会因为正在完成的心愿而欢喜。

当你任运自心，你的日常生活，总是在慈悲、智慧、欢喜、自在的感觉里。

当你走过了觉醒之旅的六个阶段，

你就是一个离苦得乐的人，

你就是一个拥有智慧的人，

你就是一个充满大爱的人，

你就是一个具足圆满的人。

第八章
央金歌舞法

在当下的音乐中开启，
在宇宙的频率中回归，
在自性的舞蹈中开放，
在气脉的火焰中觉醒。

觉之音、觉之诵、觉之舞

天地人本是合一的，然而物质文明的发达，使人们失去了古老的智慧，心灵不但没有被提升，反而大大退化。

东方的古老文化里，一直保留着心灵唱诵、自心舞蹈的修行方法。通过这些简单的方法，人们能打开先天的灵性，找回原有的智慧。

这些上千年传承的方法，是我在多次闭关中的特殊因缘之下得到的。古代没有录音录像技术，只能靠上师弟子慢慢口耳相传到今天。我相信在即将来临的大地母亲时代中，这些方法会普传到全世界。

央金歌舞法包含三部分：觉之音、觉之诵、觉之舞。

觉之音：通过聆听，运用耳根，让六根归一

现代社会的人们不断被大量外在影视噪音围绕，慢慢失去了聆听内心的能力。观音菩萨的修行法门被称为"耳根圆通法门"，即通过听觉来证悟自心。

觉之诵：通过唱诵疗愈自己，找到身心平衡的频率，回归

自心

通过唱诵，人们会谦卑、柔软下来，揭开内心被压抑的东西，升起欢喜的心。

现代人多用左脑，思维得太多了。所以，人的心特别累，更谈不上快乐。而唱诵会远离左脑，达到内心的平静和富足。

唱诵咒语也会开启人身的脉轮。脉轮开了，烦恼就没有了；烦恼没了，慈悲心和智慧就会自然升起。

觉之舞：通过自性舞蹈清净脉道，心生欢喜

觉之舞是动中的一种禅修，帮助修行人体验空性和明觉，是与自心相遇的修行法门。身体气脉不顺的人，身心都会受影响，会生无明的烦恼，通过觉之舞可以释放压力，让体内气脉通畅，也会让流动的业风变成清静的能量。继而净化烦恼，升起欢喜心，身体变年轻。长期舞蹈能达到转"烦恼成菩提"的境界。

✿ 认清自己

在觉醒的舞蹈中，
找到丢失的自己。
在自由的空气中，
找到捆绑的自己。
在富足的能量里，
找到疲惫的自己。

在温暖的阳光里，
找到孤独的自己。
在宽厚的大地上，
找到不安的自己。

横跨"央金六法"的快速方法

根据我修行和教学的经验，通过觉之诵和觉之舞，是经验自心最快的方法。觉之舞是横跨发现自心、认清自性、提升自心和回归自性等阶段的直线体验方法。我一堂课的体验是两个小时，半个小时用来吟唱，平静心念，之后半小时带着觉性舞蹈，人人都会有觉受，大部分人一次就可以与自性相遇，至少能在舞蹈里面看到平时很难感受和看到的自己。通过觉之舞认识自己，是最快速的方法。

觉之诵的禅修方法

简单地盘腿坐下，散盘或坐在椅子上也可以，轻松舒服就好；呼吸放到最自然，不要太深，也不要太浅，最舒服就好。

开始发音之前，把身体里的二氧化碳都排完。

首先，找到自己心里最低的音调，轻轻地唱"O……"，再从"O……"慢慢变成"OM……NG"（NG是低沉在身体内的声音）。

听自己内心的声音，声音随着心的频率波慢慢地飘出来……声音没有了也没有关系，心还是继续，继续在这样的感觉里……

一直维持在这个感觉里，念头自然会在声音的能量里脱落。

随着念头的脱落，自己慢慢就会进入平静的能量之海中。

通过觉之舞打开自己

觉之舞是能够快速放下头脑、打开身体的一个方法。因为我们现代人的教育模式，使我们习惯用左脑的逻辑和判断，比较少用到右脑的感性和直觉。觉之舞是一套帮助人打开身体、进入心灵世界的感性方法。用脑子的想象，是找不到身体的开关的。身体关闭了就无法进入心灵，身心是一体的。

觉之舞没有一定的动作模式，重点是带着觉性，听从内心，心就会带着你舞蹈。从安静中出发，开始时闭上眼睛，倾听自己内心的声音，跟随心的带领，随心起舞，何时该慢何时该快，心会告诉你怎么舞蹈，慢慢进入自己的内心世界。

刚开始的时候，可能会有两个障碍：第一，头脑过分介入，让你无法进入自心；第二，身体会有堵塞的感觉，像是长期堵塞的水沟。然而，只要你坚持跟随自己的心舞蹈，慢慢就会打开。

觉之舞的要领

觉之舞的要领是带着觉性，通向自己的内心。

首先，找一个比较安全、不会碰撞到身体的空间，穿得轻松休闲一点。

其次，带领的音乐很重要，最好是用正面能量的音乐，别放会让你心浮气躁或会挑起某种情绪的音乐，而要选择能把你内心的力量和美启动起来的音乐。最好是缓慢的旋律和节奏性两种音乐搭配使用。总体来说，这个音乐你听了之后，会把你的心往内带，给你能量，使你的内心受到启发。

在这样的音乐中，你在当下保持觉性，专注聆听，听从内心的声音。跟随你的心，开始舞蹈，你的心会带领着你。为了更容易进入，你可以闭上眼睛，让身体在舞蹈中自由起来，任何念头起来，只是看见就好，不要跟随念头去分析和评判它。不可以去评判自己跳得是对还是不对，跳得美还是不美，完全没有批评、没有立场，只是保持当下的觉知就好。

继续随心舞蹈，慢慢让你身体的能量流动起来。能量流动起来了，身心就通畅了，这是一个能触摸到灵魂最深处的温柔之法。而后，你会回归到宇宙的能量里。身体就是一个让你和宇宙接轨的桥梁，身体就是与自心相遇的桥梁。

当你和宇宙接轨了，不可思议的教导和经验会从此开始。你才会对你自己、身体、周围、宇宙四者之间的关联有一个真实的了解和体验，你的生命才会真正成长。

在觉之舞中重生

感到自己从一个橡皮套里面，慢慢挣脱。用你全身的力量张开双臂，慢慢摇动你的全身，深深地用每个细胞挣开橡皮套，慢慢走出来。就像孩子重新被生下来那样，带着崭新的一切，没有任何分别，只是一颗明明白白、清清楚楚的心就好。

轻轻抚摸自己的皮肤，抚摸传达到每一个细胞。深深观照自己的内心，静静聆听自己的内心，关照自己内心的孩子，倾听自己内心的孩子。

深深地用心说："我爱你！"不断地说："我非常爱你！"

在能用手抚摸到的地方，都深深对你的心说："我爱你！""我非常爱你！"

觉醒之眠

觉之舞打开身心以后，再做一阵的禅睡，让身心好好地休息。这时你的杂念会非常少，才会体验到觉醒的觉，有觉才是禅。

现代人杂念多，烦恼多，所以，一开始闷着头使劲打坐禅修是难起作用的。身心的疲劳缓解之后，再禅坐观看自己的心，这样效果比较好。让自己的觉性升起，在日常生活中，这珍贵的觉受会极为有用。

在大自然里舞蹈

把自己轻轻地放在大自然里，用手轻轻地抚摸空气中的能量。每一个能量的细胞都穿过自己的掌心，自己在空气中可以飞舞。张开双手接受大自然中的能量，穿越自己的身体给予大地，又从大地接纳给予自己的身体。

不断地接受和给予。我们的身体就是一个管道。神圣的能量和信息，穿越我们的身体，给予所有的大地养育所有的众生。

❀ 在舞蹈中找到自己

在觉醒的舞蹈中，
找到丢失的自己。
在自由的空气中，
找到捆绑的自己。
在富足的能量里，
找到疲惫的自己。
在温暖的阳光里，
找到孤独的自己。
在宽厚的大地上，
找到不安的自己。

央金歌舞法与央金六法的关系

央金歌舞法是一套独立的修行体系，但和央金六法一起修习，会使觉受和境界更快速、更深入、更稳定。

在"发现自性"的阶段中，歌舞法会帮助你发现头脑后面的觉性。觉之音会帮助你感到有个无声的自己在观察着聆听的自己；觉之诵会帮助你感受到有个无言的自己在观察着唱诵的自己；觉之舞会帮助你感受到有个不动的自己在观察着舞蹈的自己。

在"提升自心"的阶段中，歌舞法会让你的觉性保持得更久，烦恼减少，欢喜心升起。

在"认清自心"的阶段中，聆听带有能量的觉之音，会帮助你疗愈身心。觉之诵会帮你认清是自我还是自心在唱诵。渐渐地，自我会自然脱落，从心中升起的能量之声会开启你的脉轮，净化你的烦恼。觉之舞会帮助你释放压力，开启脉轮，升起拙火，转浊气为清净能量，烦恼自然不升，身心自然变年轻。

在"回归自性"的阶段中，觉之音会让你听到空中生妙有的声音。觉之诵会帮助你清楚知道在歌唱的不是你的器官，你只是自性和显相之间的桥梁。觉之舞带你感受自心，带着你舞蹈，逐渐超越肉体，和宇宙连接，体验空性和明觉是一如的。

在"实现自心"的阶段中，当你保持在一如的状态中，没有自我，适合当下的舞蹈和声音会自然显现，起到平衡和疗愈自己和他人的功能。

在"任运自心"的阶段中，觉之音会带你六根归一，证得一如；觉之诵会带你开启轮脉，证得一如；觉之舞会带你升起拙火，证得一如。

✿ 与大地之母连接之舞

人类会走路就会跳舞，
舞蹈是大地母亲的心脏。
我们的双脚踏在土地上，
就是汲取了大地的营养。
我们的双手展开在天空中，
就是接收天空的给予。
我们在接收的过程中，
学习深深地打开自己。
我们在吸取的过程中，
学习要深深地感恩。
我们是接收和给予的载体，
我们是穿越爱的通道。
我们要在大地上跳舞，
我们要在空气中呼吸。
我们要在阳光下照耀，
我们要在微风中飘扬。

我们要在细雨中冲洗，
我们要在蓝天下飞翔。
我们要趴下来亲吻大地，
我们要趴下来轻闻绿草。
我们要趴下来欣赏小花，
我们要趴下来抚摸小树。
我们要趴下来和蟋蟀对话，
我们要趴下来和蚂蚁招呼。
我们的心脏和大地的心脏相连，
我们的丹田和大地的丹田同转。
我们要五体投地放下投降，
我们的身体紧紧抱住大地。
我们将虔诚的祝福送给大地母亲，
我们的心灵要呼唤大地伟大的母亲！

附录
我的修行生活

传承自藏族母亲的教育

我的阿妈不识字，但是她把祖祖辈辈生活中的佛法，通过言传身教传给了我们，尤其是教我怎么当下用心，把正念放在生活里。

她的一生历经沧桑，可是她从来没有抱怨，晚年过得那么安详平和，总是满心欢喜地照顾着家人和村民。

我在阿妈的身上，感受到生命的坚韧和伟大，佛法在她们这一代人身上，是根深蒂固的，很自然地展现一种不可思议的慈悲和力量。

当我内心最困惑的时候，我就会想到我的母亲，她会怎么处理，答案自然出来了。

我的家乡

我的家乡在甘肃天祝藏族自治县。天祝的藏文叫华瑞，意思是英雄诞生的地方，是唐朝藏王松赞干布留下来的后裔。这个古老的藏族部落，过着农业和牧区的生活，有自己古老的藏语，有自己独特的服装和音乐。

我生长在华瑞的玛尼旗沟，是一个很原始而自然的小山村，大概四十多户，三百人左右。从山村步行大概一个小时才会到一个小镇子，小镇上有小商店、小医院、一所小学到高中的学校和乡政府。

我记得小时候，山村人年均收入才30元人民币，现在差不多1000元。我们吃的水都是山上的山泉水，用木桶一担担挑回来的；烧水做饭的柴也都是后山一捆一捆背回来的。六七年前才通上电，这两年夏天有自来水，但冬天也冻住了，还是要去挑水。

我的家乡至今大家仍一起生活、一起种田、一起背柴，一起参加各种歌舞、祭山、求雨、背经、佛事活动。一家人盖新房、有人结婚或有人过世，全村人都会来帮忙。农田的事情，全村人集中几天一起完成。困难的家庭，永远有人帮忙。我们没有法院，自然就没有律师。也没有小偷，自然就没有警察，家家户户从来不锁门。我的家乡是一个大家互助合作共存的温暖小山村。

我的父亲

我的阿爸个头很高，长得很帅，他住在北京的时候，院子里的邻居们，都以为他是老外。我结婚的当天，他牵着我的手，走进婚礼现场，有不少人以为阿爸是我们请来的明星。

阿爸一生与世无争，是一个威严而寡语的人。他一生多半时间都在山里放羊。小时候我是阿爸放羊的小助理。他教我怎么了解每只羊的性格，那时候我们有300多只羊，在阿爸的教导下，我几乎了解每只羊的个性，甚至给每只羊都取了名字。

他还教了我很多山里的知识，譬如如何通过观看天上的云知道一天的天气，如何观看太阳的位置判断时间。

阿爸不只是一位牧羊人，他也是家乡最受尊敬的长者。他年轻的时候，那会儿还是解放前，阿爸曾经是我们当地直贡寺的管家。他特别照顾周围的村民，经常把寺院的粮食分给生活困难的村民们。

大家总是说阿爸的福德圆满，他有两个儿子四个女儿，有十五个孙子五个重孙。

虽然阿爸福德圆满，但是他对世间拥有的这些都不执着，因为阿爸是一位很特别的修行人。

虽然阿爸嘴里不讲佛法，但是他总是活在禅修一样的状态里面，什么事情都清清楚楚、明明白白。他从来都不会生气，这个世界对他来说像是淡淡的一场梦。

我印象最深的是，在任何一个吵闹的场合里，他总是安安静静地坐着。但是，他竟然知道每一个人在想什么。我一直觉得我的阿爸是一个觉醒的人。

说梦的早餐

记得小时候，我们每天吃早餐时，阿妈都会问："昨晚你们做了什么梦？"我们全家就会讲各自的梦，阿妈会根据梦来预测当天将发生的特别事情。

阿妈总是喜欢问我的梦，阿妈说我的梦很准确。譬如有一次，我梦到一片绿油油的麦穗。我告诉阿妈，阿妈问：麦田的方向在哪里？我说了之后，妈妈说："今天你远方的姨妈会来。"结果到了傍晚姨妈真的就来了。那时候，我们没有电，更没有电话，任何事情都没法提前通知。所以，我们的梦是非常重要的预兆。

我想，主要的原因是那时候家乡完全没有电波的干扰，是在完全自然的山里面，所以我们的能量磁场是非常清净的。环境清净，人心又单纯，就很容易感应到彼此的讯息。

家里丢了东西，我用"心"来找到

阿妈说我小时候就有点特别，家里丢了东西，或者她想知道不确定事情的答案时，我就会摸摸自己的头回答。听阿妈说我的答案非常神准，我自己也不太清楚为何会这样。我想这是因为万事万物之间都有关联，没有一件事情是独立存在的。而小孩子一直活在当下，所以大人问事情时，孩子不会经过头脑去分析和思考，只是用当下的心去感觉，心就会直接得到讯息和感应，反而比大人用脑去想还要准确。

黑暗中找羊，突破了头脑创造的恐惧

小时候每次放学回家，让我最担心的，是看到阿妈不开心的脸色，我知道那是阿爸喝了酒，又把羊丢了。

这时候，阿妈就只好派我到后山去找回失踪的羊群。每次出发前，阿妈怕我被狼吃掉，就用羊毛绳子绑住剪刀的刀刃，放在门顶。阿妈说这样就把狼的嘴绑住了，并且把我托付给佛母菩萨。她又教我念"绿度母"咒语。阿妈说："只要你想着绿度母，而且念她的咒语，她一定会护佑你，这样你就不用害怕了。"我就念着阿妈教的咒语，到后山里去寻找走失的羊群。

后山是大片的松树林，羊群喜欢逃到森林深处的山顶上。我每次进入那里，就会听到各式各样的声音，像是全森林的精灵都在叫，愈害怕那声音好像就叫得愈响。我记得最可怕的是，森林中段有个山坡，有个年轻人曾在树上上吊自杀。我每每找羊一定得经过那里，每次都感觉毛骨悚然，吓得头发都竖起来了。我就只好拼命念绿度母的心咒，咬着牙过去。时间久了，我在黑暗中找羊就不害怕了，从此我就不怕黑了。

恐惧其实是头脑创造出来的，当你真的融入恐惧的时候，其实就没有恐惧了。

长大后，我到美国科罗拉多圣山闭关期间，一个人坐在小帐篷里打坐。那天大约下午七点，天就开始黑了。因为我有小时候在黑夜中找羊的经验，突破了黑暗的恐惧，所以我并不害怕。我还没有关起帐篷的门时，门口突然来了一只黑色的野兽，低着头，边找食物边朝我走来。可能那时我在禅定中，因为无念，所以没有一丝恐惧，我只是看着它，没有任何反应。野兽走着走着就到我帐篷门口了，突然它抬起头来，我们互相对望了一会儿。它没有攻击我，掉头就跑了。它跑了之后，我才反应过来，啊，是只大黑熊，赶快把头伸出帐篷，偷偷看它是否走远了，结果影子都看不到了。我赶快把帐篷的门合了起来。

这时我回想刚才的情况，心里反而有些恐惧。还好我当时在禅定状态中，没有恐惧，要不然我一惊慌失措，它反而会扑过来，我就完了。由此我想到，人的恐惧其实是头脑想象出来的。

西藏女人修禁语，让家庭更和乐

在我们藏族的传统文化里，女性在家庭中的角色特别重要，是一个家庭的灵魂。因此女人的品德特别重要，而且要贤惠，懂得操持家务、做女红刺绣，还要能烹煮美味的食物。

在我的家乡，每年六月有个专门给妇女练禁语的禅修方法。全村的女人都要到寺院里面住七天，孩子和男人则留在家里。

阿妈告诉我，这是因为我们的嘴在一年中讲了很多不该讲的话，所以要去寺院用禁语忏悔和反省，来提升自己。每次阿妈从寺院回来，都会讲一堆故事，我很喜欢听。

阿妈说："大家睡在一个大炕上面，只能互相对望，但是绝对不能讲话。白天相互之间看见也不能讲话，对方就是自己心里的镜子，看到任何问题，就是自己心里的反射，就开始忏悔，之后清除。"

这样每天禁语下来，刚开始别人帮助我们看到自己心里的问题，后来自己会看到自己的问题。开始认识自己的问题之后，通过忏悔，来清除自己心里不好的记忆和阴影。而后便能开始管理自己的生命，提升自己。

通过这样的禁语禅修，全村女人的关系会变得更好，平时大家在一起做事时产生的摩擦也会消除。女人的脾气和对家人的态度也会变好，所以男人都会非常支持女人们离家几天，去寺院修静。

阿妈每次也都会带来很多笑话：大家突然不能讲话之后，每个人都出了一些可笑的洋相。她讲给我们听，我们全家围在炕上笑个半死，生活中多了很多的乐趣。

训练当下的用心

阿妈从小就带着我做"当下用心"这个功课，她总是让我跟着她做家事，通过做家事练习用心。

小时候，我有段时间总是吃饭时打碎碗，几乎每天都发生，不知道为什么。阿妈就告诉我，要我把双手伸进土老鼠打的土洞里面，并且大声告诉自己："我再也不打碎碗了！我再也不打碎碗了！"

我记得那是一个黄昏的下午，太阳已经下山了，我到家门前面的上坡上找了一个老鼠打的土堆，坐在地上，用小铲子把土刨开，老鼠的洞口出现了。我小心翼翼地把一双小手伸到老鼠洞里，心里有点害怕，怕老鼠把我的手咬掉。但是，妈妈说了，我就一直坚持放在里面，嘴里开始讲：我再也不打碎碗了！我再也不打碎碗了！这样慢慢地我不但不害怕了，反而进入了一个非常专注的状态中，心无任何念头。之后真的就再也没有打碎碗了。

现在我想，阿妈为什么用这种奇怪的方法训练我？其实就是为了打掉我的散乱心、妄念心，为了让我专注在当下。至今我还记得当时专注的状态和情景。

还有一次，阿妈要我打扫和整理屋子，我急急忙忙做完了，叫阿妈来检查。阿妈说："这就是你整理的房间？"我说是的。

阿妈说："你心不在当下，没有用心。"当时，我不太懂阿妈的意思。长大之后，有次在台湾的佛陀世界寺院里住下，禅师们通过院里的杂事教导我们当下用心的时候，我才明白阿妈当时在教导我"生活中的禅法"。

阿妈的口头禅是："要用心，要用心。"有时候，我做错了事，阿妈就会说："不用心。"现在我才知道，阿妈要我在做事的时候，不要起妄念，要活在当下。

通过烧茶练习用心

喝茶在藏族生活中是非常重要的行为，而烧茶的过程其实是很不简单的。阿妈教会我烧茶的全部流程。

首先准备好器皿，茶叶的量阿妈也帮我抓好了。接着用冷水烧茶，要用慢火。当茶水开了之后，掀开茶壶的盖子，再稍稍煮一会儿，不可以煮太久。这样烧出来的茶就会很香。在家里，我们是用炉子生火，火的大小可以自己控制。

我记得一个小时候烧茶的故事。某天下午，我的阿妈在炕上做女红，要我出门看看阿爸放羊是否回来了。我跑到院子大门口，看到阿爸就在不远的山上，便告诉阿妈爸爸快回来了。

阿妈要我去厨房给阿爸烧茶。烧茶的过程阿妈都教过，我也记得，但是我并没有按照阿妈教的去做。我为了偷懒，为了贪快，就用了开水，而且用了大火一下就烧好了茶。

等阿爸回来后，阿妈也陪着阿爸一起喝下午茶，吃点东西。我就把烧好的茶端到爸妈房间里，给爸妈奉上了茶，阿爸喝了没有讲话，没想到，阿妈喝了一口后，马上把碗放到桌上，沉下了脸就说："你用了开水，而且是用大火烧的。"

我吓一跳，阿妈怎么知道？我真的相当忐忑。阿妈接着说："如果你做事不按规矩、不用心，你将来嫁到婆家会受罪。"我心想我才不嫁人呢。她又说："你是我们家里的姑娘，做事这么没有规矩，这么不用心，太丢脸了。"我受到阿妈的责备，心里非常沮丧，此后，我总是仔细按照阿妈教的规矩做事情。

回想起来，我们家做人的家教和做事的规矩，至少有四代的传承了。随着年龄增长和生活修行中的深刻，阿妈留给我的不仅仅是做家事的规矩，她主要是通过这些规矩，教我怎么在当下用心，把自己的正念心放在里面。

有时候，我做事情很粗糙，阿妈就讲："你不用心！"当然，我也常常得到阿妈的表扬。因为跟着阿妈做事情，愈来愈开心，我也愈来愈喜欢做家事，阿妈把我做事的欢喜心启发起来了！

后来我长大，开始上大学、工作。阿妈说："你们现在也用不到我们古代做女人的规矩了。"她把很复杂的女红和做饭的手艺，传授给我的两位嫂嫂。在阿妈的教育之下，她们都成为出类拔萃的传统女子，尤其是二嫂子的饭菜和女红手艺，完全就像是阿妈的手艺。

我觉得自己继承了一些阿妈的思想。虽然我的阿妈受教育程度并不高，却是一个拥有智慧和慈悲的母亲，她对我的教导影响了我的一生。阿妈永远是我的导师。

一个巴掌拍不响，原谅化解痛苦因

有一次，邻居家的小朋友打我，我哭着告诉阿妈。本想会得到阿妈的同情，可是我不但没有获得支持，反而得到阿妈一个耳光的凶骂，她说："一个巴掌拍不响，她打你是你让她不开心，你要跟她说对不起！"

当时，我感到非常非常的委屈，觉得阿妈非常不了解我，甚至觉得阿妈残忍。但我还真的去跟对方说了对不起。当时她反而觉得很不好意思，牵起了我的手，之后我们两个成了最好的朋友。

今天我才懂阿妈当时教了我什么。其实世界上任何事情的发生都是相互有关联的，没有一件事是独立存在的。我们如果只是站在自我的角度，坚持我对你错，其实根本解决不了问题。阿妈其实是用佛法的究竟方法，在我的心里种下了一种与人相处的和睦法则。当我的心原谅了对方，从我这里就停止了矛盾，化解了继续痛苦的因。

冤亲平等

又有一天，我和阿妈在屋顶上喂鸽子。这时，有位老乞丐阿姨从我们家的后山上走来。阿妈把她叫到家里来，给她吃的。临走的时候，还分了我们仅有的一点糌粑（青稞粉）给她。其实那时候，我们也正面临快没有粮食的窘境，但阿妈还是给了她。那位阿姨最后哭着走了。我问阿妈："阿姨为什么哭呢？"

阿妈于是讲了阿姨和家族的故事给我听。阿妈说："她本来是我们家里的工人，从小一起长大，和我情同姐妹。但是"文革"的时候，她变成了红卫兵来欺压我和你阿爸，我们经历了很多的苦。但是今天，她的孩子都遗弃了她，她成了乞丐和孤寡老人，这就是因果。

我们是学佛的人，吃亏就是积德消业，不能冤冤相报。今天她需要我，我帮助她，这是奶奶从小就教导我们的。"

那时候，我还小，还不懂得阿妈把敌人当亲人的境界。到了今天，我才懂得阿妈这非凡的境界。因此，当我在生活中遇到过不去的事情，我常会问自己，如果是阿妈，她会怎么处理，答案就会出来。

由贵族降为贫民，也从不抱怨命运

阿妈出生的德阳家族，是个一直护持佛法的贵族家庭，家族里生了两代土观活佛。德阳家族当时拥有很多土地，听阿妈说她的奶奶当时还进京见过慈禧太后呢！太爷爷是当地的大官，阿妈幼时看过他穿清朝官服的相片。

但阿妈长大之后的命运，变得非常艰苦。阿妈除了照顾和教育孩子，还要照顾一大家子的吃穿，像男人一样干粗活、下地里劳动，放牧牛羊。那个时候，我们全家常面临没饭可吃，偶尔还要去讨饭。我记得大概在七八岁的时候，跟着阿妈讨过一次饭。

当时最多是凌晨四点，在星星底下，阿妈就带我上路去舅舅家，我们是走路去的。大概午夜才赶到舅舅家里。我看到舅舅们住在一个茅棚般的小房子里，感到很疑惑，因为我常听阿妈讲他们家的故事，给我的印象是他们家里的房子像《红楼梦》里面的房子。可是现在我眼前却一无所有，阿妈大概知道了我的疑惑，轻轻打开舅舅家破旧的门帘，从门帘的缝隙里往外指给我看，那就是我们原来的家，现在变成集体的了。

我一看出去，一片山上全是古老的房子，一栋连着一栋。我看到眼前如此壮观的情景，只是张大了嘴"哇"的一声，的确像是电影一般。现在都成了集体的公社、学校，还有一些红卫兵们在住了。

阿妈马上放下门帘说："不能让他们发现我们在这里。"看到舅舅一脸凝重，也不大讲话，现在我才能想象舅舅当时的生活状态和他面临的精神压力。我和阿妈歇了歇脚，又继续上路了。

我们在路上遇到很大的河，必须要过河。我第一次看到这么大的河，不敢过去，阿妈一直鼓励我。第一次，阿妈牵着我的小手慢慢过河。刚开始我踩着脚下的石头，非常的光滑，我更加害怕，不敢再走下去，就开始哭。阿妈只好又退回去。阿妈穿的是长长的藏装，她把衣服挽起来，背着我过河。到了河的中间，水淹过了阿妈的膝盖，我当时担心我和阿妈这次可能会被大河冲走。阿妈还是非常镇定，背着我平安到达对岸。

后来我中专毕业，有次为了工作上的出差行经附近。那次我坐着车，来到童年和阿妈讨饭的地方。看到阿妈背我过河的地方，我禁不住泪流满面，更能体会阿妈的坚毅和祥和。当我面临生活中的苦，想到阿妈，就会觉得自己经历的苦算什么？自然又能升起信心，坚持渡过难关。

修佛塔的菩萨心愿

2005年，我回家乡探望爸妈。有次我跟阿妈在门外，阿妈看着我们家门前的佛塔，告诉我："这佛塔名叫十万佛塔，历来都非常灵验。自从"文革"时期毁了这个塔之后，对我们村子的伤害很大。现在气候变得不好，庄稼也不收成，村里的人也开始生各种疾病。如果这个佛塔重建起来，这些问题都会慢慢好起来。我的心愿是把这个佛塔重新修起来，就由你来完成吧。"

阿妈的这番话，好像是当头一棒，把我敲醒，我马上就答应了，支付了所有的资金。

阿妈当天就发动全村的人商量怎么恢复佛塔。

修复佛塔的过程中，发生了很多不可思议的故事，举两个小例子。当时阿妈很快发动了全村的人开始建佛塔和准备塔里的供物。开始要先做一万个放在佛塔里的擦擦（模具压出来的泥制小佛像）。全部干活的人，在阿妈的带领下，先祈请诸佛菩萨护祐，把虔诚心都放在做事的细节里。

当男人开始扳泥巴，女人们洗了手开始做擦擦时，发现只有两个小小的模具。两个怎么来得及做完一万个擦擦？大家正在想哪里可以借到模具时，当地寺院的住持来到了现场。寺院离这里要走两小时山路，这位住持平常很忙，很少来村子里。他说县城的华藏寺有三个大模具，但是我们离华藏寺也有七十公里路程。正在这个时候，阿妈对我说我的大哥正好在县城，今天准备回来。我马上就打电话给大哥，他当天下午就借到了寺院的三个大模具。

自从这个塔修好之后，大家又有地方可以转经了，许多老人的病也好了。听说孩子们上学前，都会经过佛塔转绕几圈之后，再去学校。

活佛为阿妈的往生修法

2008年，我搬到美国。阿妈在家乡，晚年病得很重，但她不喜欢去医院，整天总是开心地念经。

她在离世的三天前，托梦给我。梦中白发苍苍的阿妈开心地舞蹈着，突然停下来告诉我："我不想再待了，我要走了，因为我有时候会头痛。"梦醒后，我觉得这个梦里一定有什么预兆，马上打电话到家乡找二哥，二哥告诉我："阿妈昨天刚刚住院。"我问："怎么了？"二哥说："这几天阿妈头痛，我感觉这次阿妈真的要走了。"

我想马上赶回家乡。但因为机票的关系，我没有赶上看到阿妈的最后一面。我到家乡时，阿妈已经走了。家人说，阿妈住院两天后就要求出院。阿妈还托了梦给姐姐。她看到阿妈躲在一个阴暗的地方，地上有很多秽物和血渍，很像医院的感觉。阿妈缩成一团，很可怜的样子，说人们欺负她，要姐姐赶快救她出来。姐姐就一把抱起阿妈，冲出那个阴暗的地方。

姐姐梦醒之后，知道阿妈在住院，觉得阿妈的梦很紧急，但她当时在新疆参与慰问演出，而新疆没有直飞兰州的飞机，于是连夜坐火车直达兰州医院。阿妈的上师赛仓活佛也在兰州，姐姐问上师怎么办，上师说："马上接出医院，先到我这里来。"

姐姐立即把阿妈接出医院，直接去见上师。赛仓活佛立刻下楼，为阿妈在救护车上修了"破哇法"，结束后连夜把阿妈送回老家去。开车开了三个多小时，终于赶到家里。阿妈刚回到老家的炕上，睁开眼睛到处看了一眼，一口气就走了。

　　之后家里人请了僧侣们来诵经，帮助阿妈往生和解脱。僧侣们到家检查阿妈的状况后说："阿妈的头顶是软的、热的，她早就走了，而且走得很好很高。"僧侣们很惊讶，说他们帮助很多往生的人，很少碰到像阿妈这样，身体软得像婴儿的状态。

　　僧侣们说："阿妈的修行真好。"僧侣们听说是赛仓活佛为阿妈修了"破哇法"，都共同合掌说："阿妈的福报好大呀，就连我们出家人，都很难遇到这样殊胜的因缘机会。"

生命的答案，要在内心找

阿妈给了我一个快乐温馨的童年，给了我那么多关于人生的教导，在我的心中，种下了佛法修行的种子。

离开山村以后，在实现生命价值与修行的道路上，我不断地去冒险和挑战，走了很多弯路，也吃了很多的苦头。虽然生命不断考验我，给了我一个又一个功课，我还是毫不畏惧，继续探索生命。

因为，我感觉到自己来人间好像遗失了什么东西，总想要找到那个"东西"。

我一直在寻找那个埋在心里的疑问：我是谁？我到这个世界来做什么？我总是会听到内心的声音，也感觉有两个自己，她们很多时候是矛盾的。尽管内心有许多争执的声音，我还是会听从内心的声音，因为她是很强大、很有力量的。所以我一直会做出超乎周围人想法的事情，因为我跟随内心的自己，走自己探索生命的道路。我想找到自己生命的真相。

走出大山，向往出家

我刚念完小学，就赶上好时机。

班禅大师恢复了藏族聚居区的民族藏文学校。如果没有大师恢复藏文学校，我可能至今还是一个农民。

我考上了第一所公费的民族中学。阿爸说没有钱供我上学，我就趴在炕上哭，央求阿爸，说我不要穿新衣服，只穿姐姐的破衣服就行，我要念书。我二哥说别人家的孩子都考不上学，妹妹考上了，不去太可惜了，一定要让她读书。他从别人家借了三十元的盘缠，把他装账本的一个小木箱子送给了我。

于是我在十二岁离开了家，到县城里去上学。

三年的中学时间一晃而过，我想上高中，将来考大学。可是家人怕我如果没考上，连个工作也没有，因而要我考中专。我哭了一通，只好去考，到中等师范学校上学。那里是培养小学老师的学校，当时我已经对自己的前途觉得有点迷惘。在一次的藏文课上，我们的藏文老师讲起藏族女修行大成就者"玛姬拉尊"的故事。从那以后，也不知是挑起我脑子的哪根弦，从此我对出家修行就有一种特别的向往。

有次我偶然在报纸上发现四川有一家佛学院招收女学生，我很兴奋，和另外两位同学一起报名，不知为何没有音讯。三年的中专就这样结束了。我没有出成家，也没有去流浪，却成为一名中学音乐教师。

为情跳河，重生后更奋发

我被分配到县城的第一中学当音乐老师，那时我才十七岁，是全学校最年轻的老师。学生们为我取了个绰号叫"小音乐"。

全校的老师同学都喜欢我，说我的到来使沉闷的校园里有了音乐和歌声，过去这所学校里是没有音乐老师的，我是校长专门找来的。

可是在这样一个山镇中学里待一辈子、过平淡日子的人生，好像从来不是我的梦。所以我很努力工作、学习，希望有一天能有机会考大学走出去。

在这个时期，我认识了一个人，一个差点把我逼死的男人。也因为他带给我那么深的伤痛，我才发愤学习，坚决地离开了家乡。

他是一个有残疾的人，指关节处处都是裂缝，不能碰水，必须用纱布包着；脚后跟也是烂的，所以走路时有点微跛。他没有考上大学，高中毕业后就工作了，也曾与我的远房表姐相恋。后来表姐与别人结婚了。

这男孩子活得自卑又痛苦，我很同情他，便与他交往，给他一些信心。他也像个大哥哥一样照顾我，写了很多情书给我，甚至每天都写一首诗。他很会写文章，我也不知道该怎么办，一半同情，一半感动，我的同学听说我与他交往，都觉得奇怪。而我觉得他很可怜，人也不错。那时候他送我好多琼瑶的小说，看着书上的故事，好像自己就是其中的主角，不知不觉竟然把我们的感情幻想成跟书里的一样，真是好糊涂又可怕啊！

后来，我终于可以报名考大学了。可我万万没想到，就在

184

我去考试的路上，他出手打了我。这样突如其来的反常，使我震惊！我怎么都不敢相信是他。那次我没有参加成考试，从此我的灾难开始了。他常常吓唬我，如果不跟他在一起，他就要毁掉我和我们全家。有次他逼着我嫁给她，我不愿意，他很生气，竟然拿刀子砍我的手和左腿！

又有一次，他带我参加他同学的舞会，他的同学邀请我跳舞，为此他很嫉妒又不高兴，在黄河边上又动手打我。那时的我已经不想活了，只有一个想死的念头，就走到黄河边跳了下去。

后来，也不知道发生了什么事，只记得警察救了我，许多人在旁围观着。我的精神崩溃了，住了一段时间的医院。之后我便离开了家乡，到北京上学。

有了第二次的生命之后，我对待生命的态度和理解也不同了，变得更加渴望而珍惜。1994年，我进入西北民族大学本科就读艺术系，每天除了上课，还去饭店里端盘子、洗盘子来交学费。读大学对我来说，是多么得之不易，所以我很珍惜各种学习机会。

除了学音乐，也去藏语系学藏文，广泛阅读。我慢慢成了一名热血青年，对藏族的前途充满了责任感，深深担忧藏族经济落后和教育断层的问题，总是在思考自己将来能为民族做些什么。

我对大学生活充满了向往，想要重新活过，实现帮助藏族的理想，还有很多梦想要实现。但渐渐地，我发现周围的同学每天所关注、追求的都跟我不同。他们谈论的话题更多是谈情说爱、穿衣打扮、看电影，很少人谈到民族的前途和命运。我觉得很孤独。同学们嫌我活得太累，认为我太理想主义，不够现实。很快地，梦寐以求的大学生活令我失望，面对自己未来的人生方向，我陷入一种深深的迷惘中。这时我又想到了出家，当时想着不如去寺院好好研究佛法，将来为藏族做事。

凭着对藏族的热情，把藏药事业经营到上市规模

那时候，我常在姐姐家里碰到雷菊芳大姐，也和她谈起我对藏族的远大抱负，她激动地说："你这么小，就这么为自己的民族着想。我们一起去西藏开发当地的草药，赚了钱，就能实现你想帮助教育和贫困的愿望。"

当时我很兴奋，读完大二就半路辍学了，又很努力说服了姐夫离开原先的工作，和雷大姐合伙一起去西藏创办"奇正藏药"。

1996年，人们对民营企业非常不看好。我当时遇到最大的挑战是找不到员工。因为找不到员工，只好自己做员工又做老板，也做员工烧饭做菜的管家婆。

我从骑着脚踏车，一家一家药店推销药品开始创业。有次我们要在《西藏日报》和《拉萨晚报》上登广告，但当时办公室还没有电脑，我只好自己写广告词，画好广告设计风格，交给报社。报社校对不严谨，第二天刊出还有错字。为了避免再发生这种事，我会半夜守在报社里检查完才走。

经过一年的努力，奇正藏药突然在拉萨大红，人们开始知道我们的品牌，连外地的游客也知道了。之后，我又去青海开设了销售分店,不过一年,就成为全西宁的明星商品。我们开始有很多美好宏伟的想法,希望培养大量的藏族年轻人,唤醒他们的使命感,通过奇正的平台在全国传播藏文化和藏医药知识。

之后,我们为了扩大发展,不眠不休打拼了八年,让公司达到上市的业绩规模。

我当时非常年轻,才二十几岁。

1997年,全国的医药企业面临一个极大的挑战——国家公费医疗改革。面对公费药品的名单筛选,将有大量药厂的药品被排除在外,如果奇正的药进不了公费目录,就不能在医院销售,那企业就会面临衰亡的命运。

我们公司里的几位主管也开会想办法。其实那时候我们没有任何办法。没有钱、没有关系又没人,在这种条件下,我只好自己上北京。

我在一位姐姐的帮助下,找到一间宿舍。那是地下室的一间小房间,但是非常干净,水泥地擦得亮亮的。我的房间里只能放一张小小的单人床,一张小桌子,容不下第二个人。厕所、洗衣间、盥洗、饮用水都在外面,都是公用的。

这位姐姐又介绍一位特殊的人物给我认识,他是中医药界的核心人物,也是那次药品的评审委员。我们一起吃了饭,在谈话中才知道他年轻的时候在藏地待过,因此他对藏族很有感情。我们便希望他协助,让奇正藏药进入医保名单。

第二天,我就穿着藏装赶到医药评审大会的现场,还请表妹和姐姐分装了几百份奇正药贴的样品。然后我就在会场,为所有专家献唱了一首《青藏高原》。唱完之后，全场出奇安静。过了一段时间，全场一片掌声。等掌声停下来之后，我简单介绍了藏医藏药的历史渊源。

第一，藏医藏药几千年来，是个有完整的理论体系和安全的临床经验的医学。人类的第一个身体解剖图是藏人画出来，在今天的《四部医典》里面。第二，藏医藏药至今还保存最古老的制药方法，原因是没有发生过重大战乱，再来是藏医药的教育是通过寺院里的医学院传给学生，所以没有中断，不像中医药是单传给子女或弟子，因此中医由于单传加上战争，古老的炼丹术几乎都失传了。第三，藏医药有安全的临床效果，大部分的藏药都有上千年的历史，不像西药，只在实验室里拿白老鼠做十年到二十年的实验，但是几十年之后的后遗症没有人会知道。

介绍完之后，我就走进了专家群里面，大家都和我讲话，他们都说从来不了解藏医药的历史文化这么深远博大，也说听了我的歌声，想到西藏去看看。我突然觉得，自己不是来做什么艰难的公关工作，而是和我累世的亲人见了面一样。接着我发给大家样品，大家都自然地接受了。我就回家了。

就在年末，我得到一个天大的消息，我们的药品列入了公费名单！我想人的很多能量和力量是在一些关键时刻爆发出来的。我坚持不懈地去找专家，也许是我的行动感动了上天……

之后，我提议把企业总部设在北京，我就上了北京。我首先在北京建立了一支销售团队，在全国共有三十多家办事处，北京市场第一年只有二百六十万的现金流，到第二年一千七百万，第三年便达到了三千万，全公司更达到了三亿。2000年，奇正藏药已经发展到一个规模，销售团队达到了五百人，我们邀请著名的管理专家，对公司提出整体的规划方案。最后他们总结出来的销售策略就是"北京市场的文化营销的经营之道"，后来成为我们经营各地实体销售店的策略。我也就开始把精力放在更多大型市场上和企业的发展上，慢慢把奇正做到上市的规模。就这样，我通过企业的舞台结交了很多的朋友，了解了社会。我们在北京的办事处也成了西藏朋友们往来的地方。

那时候，在我的世界里似乎没有解决不了的事情，有人总是就会有办法。只要锲而不舍地努力，上天总会帮助你化险为夷。

回想起来，以前我在公司关键和危急的时刻，在沉静的瞬间，会突然灵感一现，往往就能让事情化险为夷。我想很多人都有这种经验，其实这是一种处在"当下"时，从我们的自性中流出来的智慧。我想很多优秀的企业家、发明人，还有特别的艺术家，关键的决策和点子都靠这种"灵感"。

这种超越过去经验、当下解决问题的能力，是人人天生都有的，只是我们太习惯用左脑思考，忘掉了这种与生俱来的能力。当我们安静下来，保持当下的觉性，这种能力才会出现。

事业上成功，内心却不快乐

当时我在男人的世界里打拼，每天都充满了竞争和压力。有时候觉得公司里的男人都不如一个小女子那样能够承担，只好把自己当十个男人来用，什么事情都自己扛着，什么压力都自己承受。

创业过程中，最大的苦是忙，以及处理突发事件。每天没完没了的会议，无尽的应酬吃饭，还得要解决一个接一个的危机。"身忙心也忙"，没有一点休息的时间，透支了太多精力。

　　心累，才是真正的累。如果那时候我有今天的禅修能力，就不会把自己的身心累坏，就可以做到"身忙心不忙"，就像现在的我一样。

　　想要抵抗这些压力，必须比男人强大才行，我就慢慢把自己逼得成了一名无惧的战士。慢慢地，阳性的能量被发展了，而女性的能量被压抑，失去平衡了。所以，女强人多半都非常不快乐。

　　有很长一段时间，我忘记了自己仍然是一个温柔浪漫的小女孩。每天，我都是最晚离开办公室的人，半夜一个人开车回家。这时候，我才有时间打开心爱的音乐，随着音乐，我总是泪流满面："什么时候才能照顾到我内心的小女孩呢？什么时候我才可以活出内心真正的自己？"

　　但是第二天，我又得把小女孩藏起来，变成一个战士！

　　那时候，我只是修传统的佛法，每天需要持大量的咒，还有一堆该修持的法，都没有时间修。晚上回到家，都累成一滩泥了，第二天早上天亮又得赶回公司。一进办公室，秘书早已在办公桌上堆满了尚待处理的文件，还要解决各种突发事件。一天很快就没有了。如果那时候有人教导我随时都保持觉性，在当下就是禅修，我的心就不会随便被外界的事情推来推去，不会被恐惧带走。心在不沾染的状态下处理事情，效果反而更好。身体里女性的能量会自然流通，女性的温柔能量不会被压抑，女性温柔和安静的能量其实是更强大的力量。

随着奇正规模的扩大，我慢慢在亲人、藏族及周围的圈子里有了威望，慢慢开始听到很多人的赞钦、羡慕，当然也有不少的嫉妒。

即便是参加会议，大家谈的都是怎么把企业扩展得更大。我除了是奇正的标志之外，到底是谁？其实是没有人关心的。来找我的人愈来愈多，愈来愈广，但基本上都是为了钱而来的。

我愈在这种忙碌而成功的舞台上，内心就愈觉得孤独。来回穿梭的面孔如此陌生，怎么也触摸不到人们内心更深的一种诚意。没有人关心大家是否快乐，因为大家都不快乐，也不知道快乐是什么。

我慢慢感受到在企业的舞台上，很难兼顾我内心的理想，觉得企业的大与自己内心的快乐是冲突的。我常常感到自己是一个孤独的战士，只是商场上随时会离开的过客。我开始思考，我的人生是不是就是在一个企业的轨道上一直拼下去？意义何在？

有幸得到上师的教导

那时候我和合作伙伴最喜欢的，是利用在藏地找药材的机会，去见上师，还帮上师修建了一座寺院。只要一抓到空当，我们还会跑到各个上师那里去求法。

其实，当时我求的法不少，但都是传统的观想方法。日常生活中没有大量的时间修持，老师布置的功课根本无法完成。我只觉得持咒、观想、修法才是修行，根本不知道在当下练习觉性的方法。

烦恼来了，还是无法控制。我的修行和生活完全结合不起来。

现在回头想，修行只要方法对了，并没有想象中那么神秘和遥不可及。只要在日常生活中带着觉性，保持在当下，日常生活也能够变成禅修。每天可以花很少的时间多次禅修，在车上、在办公室里，甚至在会议中，任何场合都可以禅修。

赛仓活佛赐名"央金拉姆"

赛仓活佛是一位藏传佛教格鲁派的老上师，也是我皈依的第一位根本上师。他从基本的皈依和显教的知见开始教导我，也给了我很多灌顶，传授了妙音天女、作明佛母、观音菩萨、绿度母等的祈请文，以及心咒和观想的修持方法。

我的名字"央金拉姆"就是这位上师取的。"央金拉姆"在藏文是"妙音天女"的意思。妙音天女是大智文殊菩萨的空行母，代表智慧和艺术。上师说："你和妙音天女的缘分非常的殊胜。"

在我的修行中，上师给了我很多的开示，我印象最深的是一次严厉的棒喝。有一年我从台湾回家乡，顺便去看望上师。他让僧侣们为我准备好了羊肉、手工面片和包子，非常丰盛的一大桌美食。他有糖尿病，所以他只吃了一些青菜。我看到上师对我如此隆重的招待，非常的感动。吃完之后，我还没有向上师请教任何修行上的事情，上师已经知道我的修行状况了，他说："看到身体里面，看到任何东西，都是一个过程，都不是真实的，要放下，不能迷恋。"

听到上师这样的棒喝，我突然傻了，那段时间，我正好比较执着打坐的境界，每天都在打坐里看到很多东西，有时身体非常轻安舒服、有时身体会发光，有时看到身体里面的所有器官、有时看到佛菩萨、有时跑到不同的世界……结果被上师修理了一顿。

我无言以对，惭愧地说声："知道了。"所以上师一直在知见方面教导我，不让我升起任何执着或骄傲的心。

修行一定要建立正确的知见，不然会走错道路，那是最危险的事情。我们常听见"宁可慢，不可错"的修行告诫。我们看到什么，有任何能力出现都不可以执着，不然就会变成自己修行上的障碍。幸运的是，我在修行的道路上有正法的上师指导，我的家人也一直在帮助我建立正确的知见。

萨迦上师的预言

我的童年和青年时代一直在寻找人生的答案。但我一直还没有发现自心，因为我都在外面寻找。所以在不同的年龄阶段，我总是想要出家，总是感觉人生太苦，想离开这些苦。

我的第二位老师慈成坚赞，是一位修行圆满的证悟者，属于藏传佛教萨迦派，也是天文历算的大师。我在他身上感受到一种没有任何污染的纯净和慈悲心，他不执着世间任何东西。他给了我许多本尊的灌顶，在我修持的时候，每天的觉受是直接可以感觉到的。

1998年，我陪他去甘肃武威和敦煌参访，考察萨迦班智达的历史写传记。上师一路上的慈悲行为深深烙印在我心中。我们到了武威的白塔寺旧址，上师说缘起太好了，就把萨迦班智达的祈请文灌顶给了我和另一位师兄。

我在那次的参访中，非常向往出家修行，我觉得拼事业、过人间生活实在太苦了，总是哭着求上师剃度我出家。我的上师就是不答应。我一直哭，非常难过，感觉他们都老了，我还这样苦苦在轮回，学不到东西，他们走了，谁救我呀？

我的上师话不多，也不安慰我。他非常认真卜了卦之后，还是不让我出家，他要我做一个最好的"在家修行人"。但我还是不甘心，哭着闹着想出家。他还是说："将来，你会是最好的在家修行人代表，"还说，"十年后你会去西方。"之后没几年，他就圆寂了。

当我2008年到了美国，在一个萨迦寺院开幕的活动中，突然想起了上师对我的预言。果然1998年到2008年正好是十年。

上师在世的时候，我还很年轻，相当愚昧和执着，对修行还停留在信仰层面。虽然求了许多法，对上师也非常照顾和恭敬，但是对于自己的心性是什么，完全没有觉受，还是活在自我里面。

十年后，上师的预言显现在我面前时，我才对上师有更深的认识。回想我和上师在一起的时光，我只是一个无知而自我的孩子而已，他总是慈悲地看着我笑。

走上学习公益的路

2012年婚后，我开始学习做公益慈善。边学习，边在先生家族的慈善学校里面服务，体验到过去没有过的净化过程。人们之间的关怀、温暖、信任、彼此照顾、创造力，都通过一个机构实现，突破了我在企业管理中遇到的困境。

人是不需要被管理的，人是可以被感化和启发的。当你从善良和慈悲的角度对待人的时候，人心是可以被启发的，因而体验到"人人都是亲人"。我相信，只要我们真心对待每个人，人心都是善良的、美的。

那段时间，我看到很多社会的不平衡，上层的人总是在打拼中失去了内心的平衡，下层的人在没有机会的环境里，失去了创造力和对自己的信心。因此，建立平衡的管道是多么重要！我们当时做了一个实验室，建立一个家庭、学校、工厂、企业一体的机制，培养和训练中国第三产业的服务人员，非常激励人心，也对当时的慈善事业产生巨大的影响。

那时候，我发现，做慈善最大的辛苦是缺乏整个社会环境的配合和资金的支持。我看到太多人需要照顾，愈救愈多；又总是看到社会苦的一面，自己心里失去了平衡，陷在一种悲伤的情绪里。

现在我才了解，做慈善最重要的是自己内心的欢喜和平衡，否则做慈善是一条非常辛苦的道路。没有准备好的人不容易走下去，它是一种修行。太多的考验，太多的磨难需要承受。当你经历了所谓慈善后面的艰难之后，你的内心才会找到平衡、和平和爱。

慈善是一种慈悲心的表达，如果有钱人在平等的心态，甚至在感恩的心态下给予别人帮助，这就是对的心态和正确的慈善行为。如果没有钱的人在欢喜心中给予人某种帮助，这就是最大的慈善。慈善其实不是和金钱画上等号的。

生命的答案，要往内心找

回想起来，任何成功都是很多因缘的聚合；任何成功的背后，也都是很多很多人的帮助。但是，我们有时候却会忘掉，因为我们永远在往前冲，没有时间静下来回头看看自己一路走来的过程。当我们忘了感谢帮助过我们的人，或者没有向我们伤害过和利用过的人道歉，我们会愈走愈沉重，心在不知不觉中会纠结起来。

如果在人生的过程中时常做回头看的功课，甚至抽出身来站到外面看看自己，我们的人生会有新的突破。只有自己看清了自己，才有希望改变。我自己通过反观自照的功课，从内心改变了自己，也找到了真正的自己。

通过创业，我实现了年轻时的自我价值感、对民族的使命感，也获得了成就感，让我了解了社会，了解了人性。但是，创业的成功并没有带给我内心的快乐，因为苦乐其实源自于内心，是一种内心的感受，必须向内才能找到。

当时我没有学到在生活中练心的"心法"，只是希望心外的境界变好，希望藏医药能被了解和推广、藏族文化能传承下去、藏族人能脱贫致富……由于没有生活中禅修的能力，因为太忙太累，事业大了，内心反而不快乐。让心保持在当下的觉性中，才能让人心在忙碌时也不受影响，把混乱的环境都变成是禅修的工具。

生命的答案一定要向内心找，我花了十几年的时间在外面寻找内心的答案，却走了很多弯路！走到今天，我对自己的生命才算是完全了解，找到了自己内心的家，找到了今生的真实心愿，熟悉了在生活中修行的禅法。现在回头看，我走的弯路反而是我的资源，帮助我学到了宝贵的入世经验，更能深深体会到人间的苦乐，以及现代女性在觉醒之路上所需要的修行方法。

后记：我的心愿

我生在藏区一个纯朴的小山沟，
从小放着羊，躺在草地上，
望着云彩，想上去看看外面的世界，
在不同的年龄段，
我总在思考如何解决人们的困难。
也许是这样的心，
我的生命总是把我带向意想不到的方向，
使我经历很多特别的事情。

为了生计，我曾经抱着家中唯一的大公鸡，挨家挨户兜售；
为了家人，我曾经和妈妈在街上乞讨；
为了逃婚，我曾经企图自杀和经历忧郁症；
为了读大学，我曾经独自到北京端盘子打工；
为了用经济的方法改变藏族的命运，
我曾经和亲友创立了一个现在已上市的藏药集团；

为了推广藏族文化，

我曾经和自己的姐妹，

在近百场大大小小的国内外活动上演唱；

为了找到有共同心愿的另一半，

在佛菩萨的指引下，我嫁入了汉人家里。

但是，当企业成功了，演唱出了名，

我却感觉离我内心的快乐越来越远。

于是，我又毅然离开企业和演唱的舞台，

投入了公益和文化，试着实现我小时候的梦。

我捐助和参加了很多公益事业；

我也通过心灵音乐，开始探索自己心灵答案的道路。

心灵的音乐和自性的舞蹈使我找到了真正的自己。

我开始全身心投入修行的道路，到世界各地去求法。

参加了很多佛教法会、苏菲旋转舞蹈，也在很多寺院和山里
禅修。

尤其是到了美国科罗拉多圣山里闭关了半年，

使我和自己生生世世的法脉连上了。

结束闭关，我从做一个"家庭主妇"开始，

练习活在当下，把觉性用在生活中。

带着觉性做每一件家务小事、照顾每一位来访的客人。

经过多年日常生活中的练习，
还有坚持不断的禅修功课。
我好像慢慢醒过来了。
我的烦恼少了，欢喜心多了。
越来越把一如的感觉带进生活中，
一如也慢慢变成了自己行为的一部分。
原来，自己的心和平了，世界就和平了，
原来，周围的世界，是自己心的投射。

我看到今天还有那么多的朋友们在苦着，
还在外面苦苦寻找，越找越远。
快乐除了在心里，不在任何地方。
我多么希望把我找到快乐的方法拿来分享。
我希望大家不要走错路，不要走弯路。
这就是我写这本书的动机。
我还在路上，在这里。
你在哪里？

拥抱美丽，找回女性的力量

赛娜·善宾（Zainab Salbi）

央金改变了我的生命。她改变了我的生命，不是因为我遇到她之前，我不成功；也不是因为遇到她之前，我还没有功成名就；也不是因为遇到她之前，我还没有实现我的人生目标；也不是因为遇到她之前，我还没有游遍全球，探索世界；她改变了我的生命，是因为她帮助我走上人生最困难的道路——向内找到自心家园的旅程。通过这个旅程，我找到了内心的和平、无上的喜悦和快乐，以及一种前所未有的内在平衡与爱心。

我一直认为我是个很幸运的人，虽然我也经历了人生的种种痛苦和考验，但是从小我就很清楚自己这一生的使命。我生长在伊拉克，见证了战争、流离失所、富裕和贫困、暴力及所爱之人的死亡。但是这些事件，从未阻挡我帮助边缘化女性的投入和使命感。我十五岁就确定了帮助女性的志向，并在二十三岁时建立了全球妇女救助妇女组织（Women for Women International），这是一个专门帮助受战争凌虐妇女的公益组织。

我遇到央金时，已经帮助了三十万名战后存活下来的妇女。我在阿富汗、伊拉克、刚果共和国、卢安达、尼日利亚等国，以赞助和小额贷款的方式，捐助了逾一亿美元。然而，和许多正在实践使命感的女人一样，我把我所有的能量和精力投入了完成帮助女人的使命，把自己的能量消耗殆尽，忘记要停下来喘口气，找到自己内心的和平。在遇到央金之前，和平对我来说，是一个外在的定义，只是没有暴力、一切繁荣的代名词；遇到央金之后，和平的定义更加深广了。在她的带领下，我开始深入和平的真实含义。

　　想要在现代世界中成功和存活，主要依靠阳性的力量。在这个过程中，很多人在这样快速和竞争激烈的环境中，会忘记生命中重要的东西。很多人专注于对抗不想要的，而不是拥抱想要的。这些认知和内心的转变，是在和央金一起交流、谈话、禅修、静默中得到的。

　　我开始理解到，作为一个毕生投入服务的女性，使每一位女性能够发挥出她所有潜能的女人，我需要拥抱美丽，而不是把我的工作限制在对抗不公正。通过美，我不只能拥有最深刻的内在和平，还可以达成最向往的目标，就是转化提升自己，以所有女性都有的内在的爱、仁慈、温柔的方式，感动每一个人的心。通过美丽，我可以融化世界上的不公，而不是对抗它。

　　我也学到美丽带来和平，而和平是通往神圣的道路。我不是指外在的美丽，而是最重要的内在美。通过对美丽的探索，我有机会探究、最终找到自己内心的和平。在遇到央金之前，向自心内找寻答案是一条寂寞的道路，我想独自从自心黑暗的洞穴中爬出来，却没有一盏明灯给我光明与希望。通过央金的禅修指导、共同禅舞、一起欢笑，使我开始有一种群体感，这种群体感不是源自我们实际一起舞蹈的身体，而是源自我们内心的觉醒。每一位女性的每一个舞步，都会带领另一位女性迈出一步；每一位女性打破沉默，就是对另一名女性的疗愈；每一位女性和平的静默，都会带给另一位无上的喜乐。

我发现，我的内心和外境是息息相关的。如果我不能先将自心置于和平中，我是无法完成今生使命的。如果我不走上一条快乐、欢喜、仁爱、和平的道路，我是无法实现帮助所有女人的梦想——内外的两条路是完全连在一起的。我衷心感谢央金，用各种圆满的方法，禅修、静默、禅舞、歌唱、欢笑，一路上拉着我的手，带领我走到这里。

《大地母亲时代的来临》是每一位现代女性都需要的一本书，不论你在世界何处，不论你在哪个行业，不论你是什么人种——女性能量觉醒的时代来临了。女性打破静默、高声欢唱、彼此共鸣的时代来临了。女性尽情舞蹈，直到大地母亲的时代来临——女性懂得人我一体、内心相互联结，互相仁慈友爱，互相帮助发挥潜能的时代来临了。女性以全身心呼吸的时代来临了。女性擦干眼泪，聆听自己欢笑的时代来临了！相识在无我的世界，彼此心连心，使这个世界更美好、更慈悲、充满爱的时代来临了。

女性崛起的时代来临了，让我们活在当下吧！

在这个回归自心的觉醒之旅中，我每天都跟随央金的教导。我完全相信疗愈的力量，我已找到了内心的和平。如同13世纪苏菲大师鲁米所言：

在超越善恶概念之处，有一片原野。我会在那里与你相会。
当灵魂躺在那草地上，
世界就圆满地超越了语言。
观念、语言、甚至你我的分别，都不存在了。

愿我们带着爱，
在那原野相见。

倾情推荐
从内心的觉醒来影响外在世界
彼得·巴菲特（Peter Buffett）

央金和我来自不同的文化、说不同的语言，但是我们的心灵是相通的。我们是在音乐的脉动中相遇的，而在这脉动中，我们不用说一个字就知道和谐源自于平衡。

人人都知道当今世界失去了平衡。央金这本书是一个清楚的、通往和谐世界的大道。世界的平衡和改变，一定得从每一个人自身做起。很多人可能都听过你要成为你想要的世界这句话，我想对大多数人来说，这意味着在外面做很多改变。人们都忙忙碌碌地在做很多使外在世界更好的事情，而没有向内改变自己的内心世界。

所以，练习内在的平衡，会自然将平衡带给外面的世界。但有时候，我们会觉得在这个复杂的世界里，保持平衡极为困难。这就是为什么我喜欢这本书，因为央金在现实世界中亲自走出了一条内心觉醒的道路，融贯出一套在日常生活中觉醒的方法。这就是央金的故事。

你一定也有自己的故事。你会和书中很多的故事共鸣，但有一些可能对你不适用。无论如何，本书会帮助你看清你的道路是自心的创造，你的人生是你内心世界的化现。每一个人来到这个世界上，都有一个角色。

　　央金的书教导我们如何通过内心的觉醒来达到想要的外在世界，而不只是想做而不敢去做，或是不知道如何去做到。我们找到了内在世界的平衡，才能把它带到每天的日常生活中，逐渐与周围世界共振，自然创造出和谐的外在世界。

　　生命是一个过程，是一个不停与我们自心相应的过程。央金的生命让我们看到这一点，她照亮了一条帮助我们找到内心觉醒的道路。虽然这本书看似主要在谈女性，但我很清楚这是一本超越男女的书。女性的慈悲、温柔、智慧的能量，其实存在于每一个男人和女人自身之中。

倾情推荐

重新恢复女性能量

佩姬·洛克菲勒（Peggy Dulany Rockefeller）

女性的行为状态依据情感，男性的行为状态依据头脑，女人和男人都需要情感和头脑两者的平衡，也都渴望与自心相应。

人们多数都偏向男性阳刚的能量，关闭了女性温暖和亲密的心灵感情，这使得世界有过多的侵略性、竞争性、对立性，造成了暴力、战争和地球的毁坏。

和央金相处的过程中，我体会到东方的佛法智慧，是通过心灵禅修和内观，来平衡每一个人内心阳刚和阴柔的能量。同时，央金又通过她独特的歌唱和禅舞方法，使身体的气脉平衡。

而我自小接受西方的教育，习惯用心理学的角度来协助男女能量平衡。但我们的目标是一样的，方法是互补的。以如何帮人打开心、让正面的感情流动为例，在我来说，我较为关注精神创伤的疗愈，因为精神创伤会在人的身体和内心留下烙印。我尝试使用各种心理和身体治疗法，包括瑜伽和在大自然中禅修等，来帮助人们化解精神创伤，释放它所造成的恐惧、焦虑、忧郁、愤怒等负面情绪。而央金，和其他许多功力深厚的禅修行者一样，是教导人头脑静下来，直接回归自心，与自心相应。用这样内观的方式，教我们时时刻刻保持在当下，突破负面情绪的牵引。

虽然东西方的思维模式不同，但央金和我都认为，解决现今世界所面临的危机、冲突、不平、环境破坏等问题的根本方法，是重新提升社会和每一个人内心的女性能量。只有如此，才能真正让世界回到平衡状态，拥有真正的和平与正义。央金倡导的生活模式，其实是对现代人生活观念的一种革命性改变。她提出的生活中修行的方法，能提升个人和集体的意识层次。她教导人如何在不离开日常生活的情境下，去觉知、认清和突破我们的负面情绪。我认为唯有如此，才能提升同理心和慈悲心。当一个人内心的恐惧全都化解了，自然会释放让周围人安心的能量。

现今社会充满了恐惧、愤怒、不安的能量，人与人之间相互不信任，总是丑化、敌化他人。只有内心平衡的人逐渐增加，互助合作，追求共赢、深厚友谊等正面情操，才会成为主流，才能创造出新的世界。而央金提出的这些方法，正是让世界上有更多这样的人的极佳方法。

央金的书代表人类重大的一步，诠释了我们如何重新恢复自身和社会中的女性能量。通过她一步一步觉醒的亲身经历，让我们看到女性能量的智慧和勇气，向我们展现了一条光明的觉醒之道。

倾情推荐

女性觉醒自助手册

汉娜·斯特朗（Hanne Strong）

无始以来，人类最伟大的生命探索，是证悟圆满一如的境界。

但是，很少人能完成这个觉醒之旅。大多数人缺乏这方面的知识、动机、毅力、勇气、时间，以及正确的方法。

此刻，人类处于关键的历史转折点。了解修行方法以达到圆满一如，比过去任何时候都重要，因为人类即将经历一段非常困难的时期。

人类现在需要的，是能快速帮助众多的一般人修行的方法。因此，央金的适时出现，变得特别的重要。她的人生不可思议，她超越了很多困难，突破了很多障碍，坚持找寻一如的真理，终于找到了答案。她的经历让我们看到，在生活中修行是可能的。

央金的这本书，是特别为了现代女性，为了所有不能离开家庭、不能离开工作、没有时间去寻师访道的女性而写。她提炼出六个觉醒的方法，帮助女性掌握自己的生命，成为自己心灵的主人，远离内心的恐惧和混乱，使原来空虚的生命变得美丽、鲜

209

活、有意义。

书中的修行方法，都是她用生命亲自去实践之后，萃取出来的精华，简单而实用，能够帮助一般人在日常生活中觉醒。

央金的生命旅程，以及她超越障碍和烦恼的经验，让她总结出这些简单而极有力量的修行方法。这是一本女性觉醒的自助手册。

所有人类的答案和觉醒的方法，都来自于我们看不见的世界，而央金有不可思议的天赋，能与看不见的世界沟通。再加上她今生精进禅修，和她过去生的修行积累，使她与自性相遇，体悟到一如的境界。

因此，她教授的方法，其实是从那些看不见的世界和她自性中自然流出来的正法，大家只要坚持去实践，也会达到圆满一如的境界。

致谢

　　我这本书能和大陆读者见面，我深深地感恩这片土地滋养了我，感恩所有曾经教导我的上师和老师们。我感恩我的家人一路地支持我、我的公公的教导、我的婆婆的爱护、我的先生的全身心参与。我感谢台湾方智出版社团队，也感谢我的好朋友叶梅女士介绍我认识路金波先生和他的果麦编辑团队，感恩再感恩！

央金拉姆

禅修大师
世界级的心灵音乐家
第一位中国籍格莱美音乐奖得主

央金拉姆官微：

大地母亲时代的来临

作者 _ 央金拉姆

产品经理 _ 来佳音　　装帧设计 _ 余　雷　何昳晨

执行印制 _ 梁拥军　　出品人 _ 路金波

果麦

www.guomai.cn

以　微　小　的　力　量　推　动　文　明

图书在版编目（CIP）数据

大地母亲时代的来临 / 央金拉姆著. -- 天津：天
津人民出版社，2014.1（2024.3重印）
　　ISBN 978-7-201-08435-0

　　Ⅰ．①大⋯　Ⅱ．①央⋯　Ⅲ．①女性－修养－通俗读物
Ⅳ．①B825-49

　　中国版本图书馆CIP数据核字(2013)第245681号

大地母亲时代的来临

DADI MUQIN SHIDAI DE LAILIN

出　　　版	天津人民出版社
出 版 人	刘锦泉
地　　　址	天津市和平区西康路35号康岳大厦
邮 政 编 码	300051
邮 购 电 话	022-23332469
电 子 信 箱	reader@tjrmcbs.com

责 任 编 辑	康悦怡
产 品 经 理	来佳音
封 面 设 计	余　雷

制 版 印 刷	捷鹰印刷（天津）有限公司
经　　　销	新华书店
发　　　行	果麦文化传媒股份有限公司
开　　　本	880毫米×1230毫米　　1/32
印　　　张	7
字　　　数	140千字
印　　　数	91,501-96,500
版 次 印 次	2014年1月第1版　2024年3月第19次印刷
定　　　价	68.00元